新概念建筑结构设计丛书

超限高层建筑结构设计 从入门到精通

(含 midas Gen 及 midas Building)

庄 伟 鞠小奇 谢 俊 编著

中国建筑工业出版社

图书在版编目(CIP)数据

超限高层建筑结构设计从入门到精通（含 midas Gen
及 midas Building)/庄伟等编著. —北京：中国建筑
工业出版社，2016.6
（新概念建筑结构设计丛书）
ISBN 978-7-112-19344-8

Ⅰ.①超… Ⅱ.①庄… Ⅲ.①高层建筑-结构设计
Ⅳ.①TU973

中国版本图书馆 CIP 数据核字（2016）第 075641 号

　　本书为《新概念建筑结构设计丛书》之一。全书分为六部分，第 1 章内容为
"超限高层建筑的判别标准、设计针对性措施及软件分析简述"；第 2 章内容为
"超限高层建筑抗震性能设计"；第 3 章内容为"超限高层建筑在实际工程中设计
难点常见问题解答"；第 4 章内容为"midas Gen 建模与计算分析常见问题解答"；
第 5 章内容为"midas Building 建模与计算分析常见问题解答"；附件包括三部分，
分别为："建质［2015］67 号超限高层建筑工程抗震设防专项审查技术要点"、
"优化设计技术措施"与"建筑结构含钢量统计"。

　　本书可供从事建筑结构设计的年轻结构工程师及高等院校相关专业学生参考
使用。

责任编辑：郭　栋　辛海丽
责任校对：刘梦然　张　颖

新概念建筑结构设计丛书
超限高层建筑结构设计从入门到精通
（含 midas Gen 及 midas Building)
庄　伟　鞠小奇　谢　俊　编著
*
中国建筑工业出版社出版、发行（北京西郊百万庄）
各地新华书店、建筑书店经销
北京科地亚盟排版公司制版
北京建筑工业印刷厂印刷
*
开本：787×1092 毫米　1/16　印张：12　字数：289 千字
2016 年 6 月第一版　　2016 年 6 月第一次印刷
定价：36.00 元
ISBN 978-7-112-19344-8
（28605）

前　言

　　本书既有理论，又有规范规定、经验、实际工程与软件操作，让一个超限高层结构设计的入门者建立起基本的超限结构概念，学会上机操作（midas Gen 与 midas Building 等），能进行基本的的超限分析判断，并完成超限设计工作，指导超限高层建筑设计初学者懂得怎么操作，更明白其中的道理和有关要求。

　　本书全文由中南大学土木工程学院庄伟、鞠小奇及中南大学建筑与艺术学院谢俊博士编写，在书的编写过程中参考了大量的书籍、文献及中华钢结构论坛网友的帖子，同时也得到了中南大学土木工程学院余志武教授、卫军教授、周朝阳教授、匡亚川教授，刘小洁教授，北京市建筑设计研究院戴夫聪，华阳国际设计集团（长沙）田伟、吴应昊，中机国际有限公司（原机械工业第八设计研究院）罗炳贵、廖平平、吴建高，中国轻工业长沙工程有限公司张露、余宽，湖南省建筑设计研究院黄子瑜，广东博意建筑设计院长沙分公司黄喜新，湖南方圆建筑工程设计有限公司姜亚鹏、陈荔枝，北京清城华筑建筑设计研究院徐珂，香港邵贤伟建筑结构事务所顾问唐习龙，中科院建筑设计研究院有限公司（上海）鲁钟富，淄博格匠设计顾问公司徐传亮，广州容柏生建筑结构设计事务所、广州老庄结构院邓孝祥的帮助和鼓励，同行邬亮、余宏、苗峰、庄波、廖平平、刘强、谢杰光、张露、彭汶、李子运、李佳瑶、姚松学、文艾、谢东江、郭枫、李伟、邱杰、杨志、苏霞、谭细生等参与了全书内容收集、编写及图片绘制，在此表示感谢。

　　由于作者理论水平和实践经验有限，时间紧迫，书中难免存在不足甚至是谬误之处，也恳请读者批评指正。

目　　录

1 超限高层建筑的判别标准、设计针对性措施及软件分析简述

1.1 高度超限的判别标准、设计针对措施及软件分析简述

1.1.1 规范规定

《高层建筑混凝土结构技术规程》JGJ 3—2010（以下简称《高规》）3.3.1：钢筋混凝土高层建筑结构的最大适用高度应区分为 A 级和 B 级。A 级高度钢筋混凝土乙类和丙类高层建筑的最大适用高度应符合表 1-1 的规定，B 级高度钢筋混凝土乙类和丙类高层建筑的最大适用高度应符合表 1-2 的规定。平面和竖向均不规则的高层建筑结构，其最大适用高度宜适当降低。

A 级高度钢筋混凝土高层建筑的最大适用高度（m）　　　　　　表 1-1

结构体系		非抗震设计	抗震设防烈度				
			6 度	7 度	8 度		9 度
					0.20g	0.30g	
框架		70	60	50	40	35	—
框架-剪力墙		150	130	120	100	80	50
剪力墙	全部落地剪力墙	150	140	120	100	80	60
	部分框支剪力墙	130	120	100	80	50	不应采用
筒体	框架-核心筒	160	150	130	100	90	70
	筒中筒	200	180	150	120	100	80
板柱-剪力墙		110	80	70	55	40	不应采用

注：1. 表中框架不含异形柱框架；
　　2. 部分框支剪力墙结构指地面以上有部分框支剪力墙的剪力墙结构；
　　3. 甲类建筑，6、7、8 度时宜按本地区抗震设防烈度提高一度后符合本表的要求，9 度时应专门研究；
　　4. 框架结构、板柱-剪力墙结构以及 9 度抗震设防的表列其他结构，当房屋高度超过本表数值时，结构设计应有可靠依据，并采取有效的加强措施。

B 级高度钢筋混凝土高层建筑的最大适用高度（m）　　　　　　表 1-2

结构体系		非抗震设计	抗震设防烈度			
			6 度	7 度	8 度	
					0.20g	0.30g
框架-剪力墙		170	160	140	120	100
剪力墙	全部落地剪力墙	180	170	150	130	110
	部分框支剪力墙	150	140	120	100	80

结构体系		非抗震设计	抗震设防烈度			
			6 度	7 度	8 度	
					0.20g	0.30g
筒体	框架-核心筒	220	210	180	140	120
	筒中筒	300	280	230	170	150

注：1. 部分框支剪力墙结构指地面以上有部分框支剪力墙的剪力墙结构；
　　2. 甲类建筑，6、7 度时宜按本地区设防烈度提高一度后符合本表的要求，8 度时应专门研究；
　　3. 当房屋高度超过表中数值时，结构设计应有可靠依据，并采取有效的加强措施。

《超限高层建筑工程抗震设防专项审查技术要点》（2015）附件 1：超限高层建筑工程主要范围参照表 1-3。

房屋高度（m）超过下列规定的高层建筑工程　　　　　　　　表 1-3

结构类型		6 度	7 度 (0.1g)	7 度 (0.15g)	8 度 (0.20g)	8 度 (0.30g)	9 度
混凝土结构	框架	60	50	50	40	35	24
	框架-抗震墙	130	120	120	100	80	50
	抗震墙	140	120	120	100	80	60
	部分框支抗震墙	120	100	100	80	50	不应采用
	框架-核心筒	150	130	130	100	90	70
	筒中筒	180	150	150	120	100	80
	板柱-抗震墙	80	70	70	55	40	不应采用
	较多短肢墙	140	100	100	80	60	不应采用
	错层的抗震墙	140	80	80	60	60	不应采用
	错层的框架-抗震墙	130	80	80	60	60	不应采用
混合结构	钢框架-钢筋混凝土筒	200	160	160	120	100	70
	型钢（钢管）混凝土框架-钢筋混凝土筒	220	190	190	150	130	70
	钢外筒-钢筋混凝土内筒	260	210	210	160	140	80
	型钢（钢管）混凝土外筒-钢筋混凝土内筒	280	230	230	170	150	90
钢结构	框架	110	110	110	90	70	50
	框架-中心支撑	220	220	200	180	150	120
	框架-偏心支撑（延性墙板）	240	240	220	200	180	160
	各类筒体和巨型结构	300	300	280	260	240	180

注：平面和竖向均不规则（部分框支结构指框支层以上的楼层不规则），其高度应比表内数值降低至少 10%。

1.1.2　高度超限时应注意的一些问题

（1）B 级高度的钢筋混凝土高层建筑，可以划分为高度超限的高层建筑工程。对于高度超限的结构，原则上应进行超限审查。

（2）对于钢筋混凝土框架结构，高度超限时可以改变结构体系，比如采用框架-剪力墙结构或钢支撑-混凝土框架结构。

（3）当抗震设防烈度为 6 度时，对于带较多短肢剪力墙的剪力墙结构（短肢墙承担的底部倾覆力矩比不小于 30% 的剪力墙结构）、错层剪力墙结构，建议分别按 120m、100m 确定。

（4）对于板柱-剪力墙高度超限时，宜改变结构体系，可改为框架-剪力墙结构体系。

（5）"型钢混凝土柱＋混凝土梁"或局部构件（转换梁或柱）采用型钢梁、柱时，该结构可以不认定为混合结构，最大适用高度仍可按混凝土结构确定。

（6）对于非抗震设防区的高层建筑，当高度超过其最大适用高度时，在满足规范的基础上，采取相应的加强措施后，可不进行超限审查，但仍属于超规范设计。

1.1.3 高度超限时设计针对措施

（1）对于平面和竖向规则性较好的建筑，仅高度一项指标超限时（高度超过表 1-1，但仍在表 1-2 范围内），一般可按《高层建筑混凝土结构技术规程》JGJ 3 中关于 B 级高度高层建筑设计有关规定执行即可：

1）《高规》3.4.5：结构平面布置应减少扭转的影响。在考虑偶然偏心影响的规定水平地震力作用下，楼层竖向构件最大的水平位移和层间位移，A 级高度高层建筑不宜大于该楼层平均值的 1.2 倍，不应大于该楼层平均值的 1.5 倍；B 级高度高层建筑、超过 A 级高度的混合结构及本规程第 10 章所指的复杂高层建筑不宜大于该楼层平均值的 1.2 倍，不应大于该楼层平均值的 1.4 倍。结构扭转为主的第一自振周期 T_t 与平动为主的第一自振周期 T_1 之比，A 级高度高层建筑不应大于 0.9，B 级高度高层建筑、超过 A 级高度的混合结构及本规程第 10 章所指的复杂高层建筑不应大于 0.85。

注：当楼层的最大层间位移角不大于本规程第 3.7.3 条规定的限值的 40%时，该楼层竖向构件的最大水平位移和层间位移与该楼层平均值的比值可适当放松，但不应大于 1.6。

2）《高规》3.5.3：A 级高度高层建筑的楼层抗侧力结构的层间受剪承载力不宜小于其相邻上一层受剪承载力的 80%，不应小于其相邻上一层受剪承载力的 65%；B 级高度高层建筑的楼层抗侧力结构的层间受剪承载力不应小于其相邻上一层受剪承载力的 75%。

注：楼层抗侧力结构的层间受剪承载力是指在所考虑的水平地震作用方向上，该层全部柱、剪力墙、斜撑的受剪承载力之和。

3）《高规》5.1.12：体型复杂、结构布置复杂以及 B 级高度高层建筑结构，应采用至少两个不同力学模型的结构分析软件进行整体计算。

4）《高规》5.1.13：抗震设计时，B 级高度的高层建筑结构、混合结构和本规程第 10 章规定的复杂高层建筑结构，尚应符合下列规定：

① 宜考虑平扭耦联计算结构的扭转效应，振型数不应小于 15，对多塔楼结构的振型数不应小于塔楼数的 9 倍，且计算振型数应使各振型参与质量之和不小于总质量的 90%；

② 应采用弹性时程分析法进行补充计算；

③ 宜采用弹塑性静力或弹塑性动力分析方法补充计算。

5）《高规》7.1.8：抗震设计时，高层建筑结构不应全部采用短肢剪力墙；B 级高度高层建筑以及抗震设防烈度为 9 度的 A 级高度高层建筑，不宜布置短肢剪力墙，不应采用具有较多短肢剪力墙的剪力墙结构。当采用具有较多短肢剪力墙的剪力墙结构时，应符合下列规定：

① 在规定的水平地震作用下，短肢剪力墙承担的底部倾覆力矩不宜大于结构底部总地震倾覆力矩的 50%；

② 房屋适用高度应比本规程表 3.3.1-1 规定的剪力墙结构的最大适用高度适当降低，

7度、8度（0.2g）和8度（0.3g）时分别不应大于100m、80m和60m。

注：1. 短肢剪力墙是指截面厚度不大于300mm、各肢截面高度与厚度之比的最大值大于4但不大于8的剪力墙；

2. 具有较多短肢剪力墙的剪力墙结构是指，在规定的水平地震作用下，短肢剪力墙承担的底部倾覆力矩不小于结构底部总地震倾覆力矩的30%的剪力墙结构。

6)《高规》7.2.14：剪力墙两端和洞口两侧应设置边缘构件，并应符合下列规定：B级高度高层建筑的剪力墙，宜在约束边缘构件层与构造边缘构件层之间设置1～2层过渡层，过渡层边缘构件的箍筋配置要求可低于约束边缘构件的要求，但应高于构造边缘构件的要求。

7)《高规》7.2.16：剪力墙构造边缘构件的范围宜按图1-1中阴影部分采用，其最小配筋应满足表1-4的规定，并应符合下列规定：抗震设计时，对于连体结构、错层结构以及B级高度高层建筑结构中的剪力墙（筒体），其构造边缘构件的最小配筋应符合下列要求：

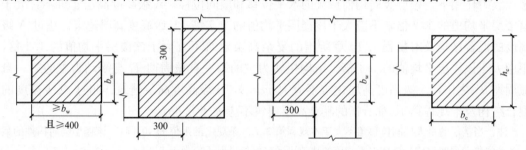

图1-1　剪力墙构造边缘构件范围

① 竖向钢筋最小量应比表1-4中的数值提高 $0.001A_c$ 采用；

② 箍筋的配筋范围宜取图1-1阴影部分，其配箍特征值 λ_v 不宜小于0.1。

非抗震设计的剪力墙，墙肢端部应配置不少于4ϕ12的纵向钢筋，箍筋直径不应小于6mm、间距不宜大于250mm。

剪力墙构造边缘构件的最小配筋要求　　　　　　　　　　　　　表1-4

抗震等级	底部加强部位		
	竖向钢筋最小量（取较大值）	箍筋	
		最小直径（mm）	沿竖向最大间距（mm）
一	$0.010A_c$，6ϕ16	8	100
二	$0.008A_c$，6ϕ14	8	150
三	$0.006A_c$，6ϕ12	6	150
四	$0.005A_c$，4ϕ12	6	200
抗震等级	其他部位		
	竖向钢筋最小量（取较大值）	拉筋	
		最小直径（mm）	沿竖向最大间距（mm）
一	$0.008A_c$，6ϕ14	8	150
二	$0.006A_c$，6ϕ12	8	200
三	$0.005A_c$，4ϕ12	6	200
四	$0.004A_c$，4ϕ12	6	250

注：1. A_c 为构造边缘构件的截面面积，即图7.2.16剪力墙截面的阴影部分；

2. 符号ϕ表示钢筋直径。

（2）高度超过表 1-1 规定限值的高层钢结构、高层混合结构及高度超过表 1-2 中的规定限值的钢筋混凝土结构，应根据超限的程度，采取比现行规范、规程更严格的抗震措施。在设计工程中，对于高度超过表 1-1 规定限值的高层钢结构、高层混合结构及高度超过表 1-2 中的规定限值的钢筋混凝土结构，其超限设计可以总结为以下几点：

① 小震弹性计算时，除了采用 SATWE 的振型分解反应谱法计算外，还应采用弹性时程分析方法补充计算，并取两者的计算结果取大值设计。选择地震波时，当选取三组加速度时程曲线输入时，计算结果宜取弹性时程法的包络值，当选取 7 组或者 7 组以上时，可取弹性时程法的平均值。

② 补充结构的弹塑性分析计算。当高度≤150m 时，可采用静力弹塑性分析方法；高度在 150~200m 时，应根据结构的变形特征选择静力弹塑性分析或者弹塑性时程方法；当高度≥200m 时，应采用弹塑性时程方法。需要特别强调的是，当高度≥300m 时，应采用两种不同的计算分析软件做独立计算并做校对分析（比如 PKPM、midas 等）。

③ 应特别注意结构基底总地震剪力和楼层地震剪力是否满足规范的规定，当结构底部总剪力不满足时，各楼层地震剪力均应进行调整；当计算的结构底部总地震剪力相差较多（15%以上）时，如果有可能，应调整结构布置。

④ 进行基础设计时，应尽量让结构竖向荷载重心与基础底面形心重合，并验算桩基在水平力最不利组合情况下桩身是否出现拉力（并验算抗拔承载力）。

⑤ 可以根据实际工程超限的程度，采用抗震性能设计方法，满足设定的抗震性能目标，并满足不同地震水准下具体的性能设计指标（如延性构造、位移及承载力等）。

⑥ 对于框架-核心筒结构（包括钢框架、型钢及钢管-核心筒结构），为了确保二次防线的作用，周边框架应按 SATWE 弹性计算分配的地震剪力最大值并不小于底部总地震剪力 10%的要求；对于超过表 1-2（B 级）最大适用高度的超高层建筑，也应满足不小于 10%的要求；由于底部地震剪力一般小于上层，在采取加强措施的前提下，其限值也可以小于 10%。

⑦ 对于混合结构等高层结构，柱、墙、斜撑等构件的轴线变形应考虑施工的影响。超过表 1-2（B 级）最大适用高度的超高层建筑，宜考虑混凝土徐变、收缩及基础不均匀沉降等对建筑结构计算的影响。

⑧ 对于沿海超高层建筑和其外围护结构，风荷载取值应根据经验取大，有必要时，可考虑横风向风振效应的影响。

《高规》3.5.6：房屋高度不小于 150m 的高层混凝土建筑结构应满足风振舒适度要求。在现行国家标准《建筑结构荷载规范》GB 50009 规定的 10 年一遇的风荷载标准值作用下，结构顶点的顺风向和横风向振动最大加速度计算值不应超过表 1-5 的限值。结构顶点的顺风向和横风向振动最大加速度可按现行行业标准《高层民用建筑钢结构技术规程》JGJ 99 的有关规定计算，也可通过风洞试验结果判断确定，计算时结构阻尼比宜取 0.01~0.02。

结构顶点风振加速度限值　　　　　　　　　　　　　　　　表 1-5

使用功能	$a_{\lim}$（m/s^2）
住宅、公寓	0.15
办公、旅馆	0.25

⑨ 采取一定的措施提高剪力墙及核心筒的延性。

当结构超高程度较多时，轴压比限值应严于规范要求；可以扩大墙肢设置约束边缘构件的范围；当结构高度超 B 级高度较多时，墙肢组合内力（弯矩及剪力）调整系数宜大于规范值；当中震作用下墙肢出现小偏心受拉时，可采用特一级的构造措施，而当墙肢平均拉应力超过混凝土的抗拉强度标准值时，可以设置一定数量的钢板或者型钢。

⑩ 采取一定的措施提高框架柱延性。

由于轴压比、剪跨比和配箍率是影响框架柱延性的主要因素，可根据结构高度超限程度的不同，根据实际工程加强；当结构高度超出 B 级高度较多时，柱端组合剪力设计值及弯矩设计值应乘以比规范规定值大于 20%～30%的数值；和提高剪力墙的延性措施一样，当框架柱属于特一级构造或中震下出现小偏心受拉时，可以采用钢管混凝土柱、型钢混凝土柱。

1.1.4 高度超限时软件分析简述

（1）当高度超限时，可以用两种或者三种不同的软件（比如 SATWE、midas Gen 及 ETABS）进行以下分析：

1）结构动力特征分析

结构动力特征分析一般包括以下内容：结构总重量、前几阶（比如 6 阶）周期大小、质量参与系数、周期比等。

《高规》3.4.5：结构扭转为主的第一自振周期 T_t 与平动为主的第一自振周期 T_1 之比，A 级高度高层建筑不应大于 0.9，B 级高度高层建筑、超过 A 级高度的混合结构及本规程第 10 章所指的复杂高层建筑不应大于 0.85。

2）地震剪力系数分析

地震剪力系数分析一般包括以下内容：水平地震作用下基底总剪力（x 方向与 y 方向）、水平地震作用下基底倾覆弯矩及剪重比。

《抗规》5.2.5：抗震验算时，结构任一楼层的水平地震剪力应符合式（1-1）要求：

$$V_{eki} > \lambda \sum_{j=i}^{n} G_j \tag{1-1}$$

式中　V_{eki}——第 i 层对应于水平地震作用标准值的楼层剪力；

　　　λ——剪力系数，不应小于表 1-13 规定的楼层最小地震剪力系数值，对竖向不规则结构的薄弱层，尚应乘以 1.15 的增大系数；

　　　G_j——第 j 层的重力荷载代表值。

按《抗规》第 5.2.5 条规定，抗震验算时，结构任一楼层的水平地震的剪重比不应小于表 1-6 给出的最小地震剪力系数 λ。

楼层最小地震剪力系数
表 1-6

类别	6 度	7 度	8 度	9 度
扭转效应明显或基本周期小于 3.5s 的结构	0.008	0.016（0.024）	0.032（0.048）	0.064
基本周期大于 5.0s 的结构	0.006	0.012（0.018）	0.024（0.036）	0.048

注：1. 基本周期介于 3.5s 和 5s 之间的结构，按插入法取值；

　　2. 括号内数值分别用于设计基本地震加速度为 0.15g 和 0.30g 的地区。

3）地震位移分析

地震位移分一般包括以下内容：x 方向最大楼层层间位移角及 y 方向最大楼层层间位移角。

《高规》3.7.3：按弹性方法计算的风荷载或多遇地震标准值作用下的楼层层间最大水平位移与层高之比 Δ_u/h 宜符合下列规定：

高度不大于 150m 的高层建筑，其楼层层间最大位移与层高之比 Δ_u/h 不宜大于表 1-7 的限值。

楼层层间最大位移与层高之比的限值

表 1-7

结构体系	Δ_u/h 限值
框架	1/550
框架-剪力墙、框架-核心筒、板柱-剪力墙	1/800
筒中筒、剪力墙	1/1000
除框架结构外的转换层	1/1000

4）结构扭转效应分析

结构扭转效应分析主要是考核是否满足规范规定的位移比限值。

《高规》3.4.5：结构平面布置应减少扭转的影响。在考虑偶然偏心影响的规定水平地震力作用下，楼层竖向构件最大的水平位移和层间位移，A 级高度高层建筑不宜大于该楼层平均值的 1.2 倍，不应大于该楼层平均值的 1.5 倍；B 级高度高层建筑、超过 A 级高度的混合结构及本规程第 10 章所指的复杂高层建筑不宜大于该楼层平均值的 1.2 倍，不应大于该楼层平均值的 1.4 倍。

注：当楼层的最大层间位移角不大于本规程第 3.7.3 条规定的限值的 40% 时，该楼层竖向构件的最大水平位移和层间位移与该楼层平均值的比值可适当放松，但不应大于 1.6。

5）楼层刚度及受剪承载力比分析

楼层刚度及受剪承载力比分析主要包括：刚度比及受剪承载力比。

《高规》3.5.2：抗震设计时，高层建筑相邻楼层的侧向刚度变化应符合下列规定：

① 对框架结构，楼层与其相邻上层的侧向刚度比 λ_1 可按式（1-2）计算，且本层与相邻上层的比值不宜小于 0.7，与相邻上部三层刚度平均值的比值不宜小于 0.8。

$$\lambda_1 = \frac{V_i \Delta_{i+1}}{V_{i+1} \Delta_i} \tag{1-2}$$

式中 λ_1——楼层侧向刚度比；

V_i、V_{i+1}——第 i 层和 $i+1$ 层的地震剪力标准值（kN）；

Δ_i、Δ_{i+1}——第 i 层和 $i+1$ 层在地震作用标准值作用下的层间位移（m）。

② 对框架-剪力墙、板柱-剪力墙结构、剪力墙结构、框架-核心筒结构、筒中筒结构、楼层与其相邻上层的侧向刚度比 λ_2 可按式（1-3）计算，且本层与相邻上层的比值不宜小于 0.9；当本层层高大于相邻上层层高的 1.5 倍时，该比值不宜小于 1.1；对结构底部嵌固层，该比值不宜小于 1.5。

$$\lambda_2 = \frac{V_i \Delta_{i+1}}{V_{i+1} \Delta_i} \frac{h_i}{h_{i+1}} \tag{1-3}$$

式中 λ_2——考虑层高修正的楼层侧向刚度比。

《高规》5.3.7：高层建筑结构整体计算中，当地下室顶板作为上部结构嵌固部位时，地下一层与首层侧向刚度比不宜小于2。

《高规》10.2.3：转换层上部结构与下部结构的侧向刚度变化应符合本规程附录E的规定。

当转换层设置在1、2层时，可近似采用转换层与其相邻上层结构的等效剪切刚度比γ_{e1}表示转换层上、下层结构刚度的变化，γ_{e1}宜接近1，非抗震设计时γ_{e1}不应小于0.4，抗震设计时γ_{e1}不应小于0.5。γ_{e1}可按下列公式计算：

$$\gamma_{e1} = \frac{G_1 A_1}{G_2 A_2} \times \frac{h_2}{h_1} \tag{1-4}$$

$$A_i = A_{w,i} + \sum_j C_{i,j} A_{ci,j} \quad (i = 1, 2) \tag{1-5}$$

$$C_{i,j} = 2.5 \left(\frac{h_{ci,j}}{h_i} \right)^2 \quad (i = 1, 2) \tag{1-6}$$

式中　G_1、G_2——分别为转换层和转换层上层的混凝土剪变模量；

A_1、A_2——分别为转换层和转换层上层的折算抗剪截面面积；

$A_{w,i}$——第i层全部剪力墙在计算方向的有效截面面积（不包括翼缘面积）；

$A_{ci,j}$——第i层第j根柱的截面面积；

h_i——第i层的层高；

$h_{ci,j}$——第i层第j根柱沿计算方向的截面高度；

$C_{i,j}$——第i层第j根柱截面面积折算系数，当计算值大于1时取1。

当转换层设置在第2层以上时，计算的转换层与其相邻上层的侧向刚度比不应小于0.6。

当转换层设置在第2层以上时，尚宜采用图E所示的计算模型计算转换层下部结构与上部结构的等效侧向刚度比γ_{e2}。γ_{e2}宜接近1，非抗震设计时γ_{e2}不应小于0.5，抗震设计时γ_{e2}不应小于0.8。

$$\gamma_{e2} = \frac{\Delta_2 H_1}{\Delta_1 H_2} \tag{1-7}$$

《高规》3.5.3：A级高度高层建筑的楼层抗侧力结构的层间受剪承载力不宜小于其相邻上一层受剪承载力的80%，不应小于其相邻上一层受剪承载力的65%；B级高度高层建筑的楼层抗侧力结构的层间受剪承载力不应小于其相邻上一层受剪承载力的75%。

注：1. 楼层抗侧力结构的层间受剪承载力是指在所考虑的水平地震作用方向上，该层全部柱、剪力墙、斜撑的受剪承载力之和。

2. 由于SATWE计算楼层受剪承载力时，采用构件计算配筋，且不考虑加强层斜杆受压屈曲的影响，有必要时，应对加强层相邻受剪承载力进行手算补充复核。

6）框架剪力分担比及二道防线分析

《建筑抗震设计规范》GB 50011—2010（以下简称《抗规》）G.2.3-2：钢框架部分按刚度计算分配的最大楼层地震剪力，不宜小于结构总地震剪力的10%。当小于10%时，核心筒的墙体承担的地震作用应适当增大；墙体构造的抗震等级宜提高一级，一级时应当提高。

《高规》9.1.11：抗震设计时，筒体结构的框架部分按侧向刚度分配的楼层地震剪力标准值应符合下列规定：

① 框架部分分配的楼层地震剪力标准值的最大值不宜小于结构底部总地震剪力标准值的10％。

② 当框架部分分配的地震剪力标准值的最大值小于结构底部总地震剪力标准值的10％时，各层框架部分承担的地震剪力标准值应增大到结构底部总地震剪力标准值的15％；此时，各层核心筒墙体的地震剪力标准值宜乘以增大系数1.1，但可不大于结构底部总地震剪力标准值，墙体的抗震构造措施应按抗震等级提高一级后采用，已为特一级的可不再提高。

③ 当框架部分分配的地震剪力标准值小于结构底部总地震剪力标准值的20％，但其最大值不小于结构底部总地震剪力标准值的10％时，应按结构底部总地震剪力标准值的20％和框架部分楼层地震剪力标准值中最大值的1.5倍二者的较小值进行调整。

按本条第2款或第3款调整框架柱的地震剪力后，框架柱端弯矩及与之相连的框架梁端弯矩、剪力应进行相应调整。有加强层时，本条框架部分分配的楼层地震剪力标准值的最大值不应包括加强层及其上、下层的框架剪力。

7）墙、柱轴压比分析

《抗规》6.3.6：柱轴压比不宜超过表1-8的规定；建造于Ⅳ类场地且较高的高层建筑，柱轴压比限值应适当减小。

柱轴压比限值   表1-8

结构类型	抗震等级			
	一	二	三	四
框架结构	0.65	0.75	0.85	0.90
框架-抗震墙、板柱-抗震墙、框架-核心筒及筒中筒	0.75	0.85	0.90	0.95
部分框支抗震墙	0.6	0.7	—	

注：1. 轴压比指柱组合的轴压力设计值与柱的全截面面积和混凝土轴心抗压强度设计值乘积之比值；对本规范规定不进行地震作用计算的结构，可取无地震作用组合的轴力设计值计算；
  2. 表内限值适用于剪跨比大于2、混凝土强度等级不高于C60的柱；剪跨比不大于2的柱，轴压比限值应降低0.05；剪跨比小于1.5的柱，轴压比限值应专门研究并采取特殊构造措施；
  3. 沿柱全高采用井字复合箍且箍筋肢距不大于200mm、间距不大于100mm、直径不小于12mm，或沿柱全高采用复合螺旋箍、螺旋间距不大于100mm、箍筋肢距不大于200mm、直径不小于12mm，或沿柱全高采用连续复合矩形螺旋箍、螺旋净距不大于80mm、箍筋肢距不大于200mm、直径不小于10mm，轴压比限值均可增加0.10；上述三种箍筋的最小配箍特征值均应按增大的轴压比由本规范表6.3.9确定；
  4. 在柱的截面中部附加芯柱，其中另加的纵向钢筋的总面积不少于柱截面面积的0.8％，轴压比限值可增加0.05；此项措施与注3的措施共同采用时，轴压比限值可增加0.15，但箍筋的体积配箍率仍可按轴压比增加0.10的要求确定；
  5. 柱轴压比不应大于1.05。

《高规》7.2.13：重力荷载代表值作用下，一、二、三级剪力墙墙肢的轴压比不宜超过表1-9的限值。

剪力墙墙肢轴压比限值   表1-9

抗震等级	一级（9度）	一级（6、7、8度）	二、三级
轴压比限值	0.4	0.5	0.6

注：墙肢轴压比是指重力荷载代表值作用下墙肢承受的轴压力设计值与墙肢的全截面面积和混凝土轴心抗压强度设计值乘积之比值。

《高规》11.4.4：抗震设计时，混合结构中型钢混凝土柱的轴压比不宜大于表 1-10 的限值。

型钢混凝土柱的轴压比限值   表 1-10

抗震等级	一	二	三
轴压比限值	0.70	0.80	0.90

注：1. 转换柱的轴压比应比表中数值减少 0.10 采用；
    2. 剪跨比不大于 2 的柱，其轴压比应比表中数值减少 0.05 采用；
    3. 当采用 C60 以上混凝土时，轴压比宜减少 0.05。

《高规》11.4.10：矩形钢管混凝土柱的轴压比不宜大于表 1-11 的限值。

矩形钢管混凝土柱的轴压比限值   表 1-11

一级	二级	三级
0.70	0.80	0.90

注：矩形钢管混凝土柱中混凝土的工作承担系数根据长细比不同而不同，应满足规范要求。

    8）弹性时程分析方法补充计算

进行小震弹性时程分析，选择地震波时，当选取三组加速度时程曲线输入时，计算结果宜取弹性时程法的包络值，当选取 7 组或者 7 组以上时，可取弹性时程法的平均值。

弹性时程分析方法是区别于振型反应谱法计算的一种分析方法，在实际设计中，应对比弹性时程分析方法与振型分解反应对应的各楼层地震剪力、楼层地震弯矩、层间位移角和楼层位移等计算结果，主要是基底剪力的比较，然后在 SATWE 参数设置中，正确设置好全楼地震放大系数或者局部楼层地震放大系数，查看 SATWE 的计算结果。

    9）抗风计算

《高规》3.5.6：房屋高度不小于 150m 的高层混凝土建筑结构应满足风振舒适度要求。在现行国家标准《建筑结构荷载规范》GB 50009 规定的 10 年一遇的风荷载标准值作用下，结构顶点的顺风向和横风向振动最大加速度计算值不应超过表 1-5 的限值。结构顶点的顺风向和横风向振动最大加速度可按现行行业标准《高层民用建筑钢结构技术规程》JGJ 99 的有关规定计算，也可通过风洞试验结果判断确定，计算时结构阻尼比宜取 0.01～0.02。

有必要时，应进行风洞试验，根据风洞试验报告提供的不同风向角的等效风荷载与规范风荷载进行计算的基底剪力和层间位移角进行比较。

（2）当高度超限时，应根据具体项目情况，进行中震、大震性能设计指标的验算。

中震、大震性能设计指标的验算内容包括很多，比如：墙肢正截面承载力中震不屈服验算、墙肢斜截面承载力中震弹性计算、加强层伸臂桁架、环带桁架杆件中震不屈服验算、框架柱正截面中震弹性计算、大震作用下墙肢截面受剪验算等，应根据具体工程中的性能指标进行验算。

（3）当高度超限时，应根据具体项目情况，进行弹塑性分析。

1）《抗规》5.5.2 条规定，对于特别不规则的结构、板柱-抗震墙、底部框架砖房以及高度不大于 150m 的高层钢结构、7 度三、四类场地和 8 度乙类建筑中的钢筋混凝土结构和钢结构宜进行弹塑性变形验算。对于高度大于 150m 的钢结构、甲类建筑等结构应进行弹塑性变形验算。《高规》5.1.13 条也规定，对于 B 级高度的高层建筑结构和复杂高层建筑结构，如带转换层、加强层及错层、连体、多塔结构等，宜采用弹塑性静力或动力分析方法验算薄弱层弹塑性变形。

历史上的多次震害也证明了弹塑性分析的必要性：1968 年日本的十胜冲地震中不少按等效静力方法进行抗震设防的多层钢筋混凝土结构遭到了严重破坏，1971 年美国 San Fernando 地震、1975 年日本大分地震也出现了类似的情况。相反，1957 年墨西哥城地震中 11～16 层的许多建筑物遭到破坏，而首次采用了动力弹塑性分析的一座 44 层建筑物却安然无恙，1985 年该建筑又经历了一次 8.1 级地震依然完好无损。

2）弹塑性分析方法有两种：静力弹塑性分析与弹塑性时程分析方法。静力弹塑性分析（PUSH-OVER ANALYSIS）方法也称为推覆法，该方法基于美国的 FEMA-273 抗震评估方法和 ATC-40 报告，是一种介于弹性分析和动力弹塑性分析之间的方法，其理论核心是"目标位移法"和"承载力谱法"。弹塑性时程分析方法将结构作为弹塑性振动体系加以分析，直接按照地震波数据输入地面运动，通过积分运算，求得在地面加速度随时间变化期间内，结构的内力和变形随时间变化的全过程，也称为弹塑性直接动力法。

3）弹塑性分析方法主要考核三个指标：罕遇地震作用下最大层间位移角、塑性铰发展过程及弹塑性损伤分析。

《抗规》5.5.5：结构薄弱层（部位）弹塑性层间位移角应满足表 1-12 的规定。

弹塑性层间位移角限值　　　　　　　　　　　表 1-12

结构类型	$[\theta_p]$
单层钢筋混凝土柱排架	1/30
钢筋混凝土框架	1/50
底部框架砌体房屋中的框架-抗震墙	1/100
钢筋混凝土框架-抗震墙、板柱-抗震墙、框架-核心筒	1/100
钢筋混凝土抗震墙、筒中筒	1/120
多、高层钢结构	1/50

注：对钢筋混凝土框架结构，当轴压比小于 0.40 时，表 1-12 中的限值可提高 10％；当柱子全高箍筋构造比本规范第 6.3.9 条规定的体积配箍率大 30％时，可提高 20％，但累计不超过 25％。

（4）其他分析

1）当高度超限时，应根据具体项目情况，有必要时，运用 midas 等软件进行施工模拟与收缩徐变影响分析。

对于混合结构等高层结构，柱、墙、斜撑等构件的轴线变形应考虑施工的影响。超过表 1-2（B 级）最大适用高度的超高层建筑，宜考虑混凝土徐变、收缩及基础不均匀沉降等对建筑结构计算的影响。

2）当某些节点比较复杂时，应采用有限元分析软件（比如 ANSYS、ABAQUS 等）对节点进行分析，有必要时应对其进行试验验证。

1.2　规则性超限的判别标准、设计针对措施及软件分析简述

1.2.1　规范规定

《超限高层建筑工程抗震设防专项审查技术要点》（2015）附件 1 中对规则性超限的判

别界限如表1-13～表1-15所示。

同时具有下列三项及三项以上不规则的高层建筑工程　　　表 1-13

序号	不规则类型	简要涵义	备注
1a	扭转不规则	考虑偶然偏心的扭转位移比大于1.2	参见 GB 50011—3.4.3
1b	偏心布置	偏心率大于0.15或相邻层质心相差大于相应边长15%	参见 JGJ 99—3.2.2
2a	凹凸不规则	平面凹凸尺寸大于相应边长30%等	参见 GB 50011—3.4.3
2b	组合平面	细腰形或角部重叠形	参见 JGJ 3—3.4.3
3	楼板不连续	有效宽度小于50%,开洞面积大于30%,错层大于梁高	参见 GB 50011—3.4.3
4a	刚度突变	相邻层刚度变化大于70%(按高规考虑层高修正时,数值相应调整)或连续三层变化大于80%	参见 GB 50011—3.4.3,JGJ 3—3.5.2
4b	尺寸突变	竖向构件收进位置高于结构高度20%且收进大于25%,或外挑大于10%和4m,多塔	参见 JGJ 3—3.5.5
5	构件间断	上下墙、柱、支撑不连续,含加强层、连体类	参见 GB 50011—3.4.3
6	承载力突变	相邻层受剪承载力变化大于80%	参见 GB 50011—3.4.3
7	局部不规则	如局部的穿层柱、斜柱、夹层、个别构件错层或转换,或个别楼层扭转位移比略大于1.2等	已计入1~6项者除外

注: 1. 不论高度是否大于表1-3,只要满足表1-13中同时具有下列三项及三项以上不规则的高层建筑工程均视为超限;
　　2. 深凹进平面在凹口设置连梁,当连梁刚度较小不足以协调两侧的变形时,仍视为凹凸不规则,不按楼板不连续的开洞对待;序号a、b不重复计算不规则项;局部的不规则,视其位置、数量等对整个结构影响的大小判断是否计入不规则的一项。

具有下列两项或同时具有下表和表1-13中某项不规则的高层建筑工程　　　表 1-14

序号	不规则类型	简要涵义	备注
1	扭转偏大	裙房以上的较多楼层考虑偶然偏心的扭转位移比大于1.4	表1-13之1项不重复计算
2	抗扭刚度弱	扭转周期比大于0.9,超过A级高度的结构扭转周期大于0.85	
3	层刚度偏小	本层侧向刚度小于相邻上层的50%	表1-13之4a项不重复计算
4	塔楼偏置	单塔或多塔与大底盘的质心偏心距大于底盘相应边长20%	表1-13之4b项不重复计算

注: 不论高度是否大于表1-3,只要满足具有表1-14中两项不规则或同时具有表1-14中一项和1-13中某项不规则的高层建筑工程均视为超限。

具有下列某一项不规则的高层建筑工程　　　表 1-15

序号	不规则类型	简要涵义
1	高位转换	框支墙体的转换构件位置:7度超过5层,8度超过3层
2	厚板转换	7~9度设防的厚板转换结构
3	复杂连接	各部分层数、刚度、布置不同的错层,连体两端塔楼高度、体型或沿大底盘某个主轴方向的振动周期显著不同的结构
4	多重复杂	结构同时具有转换层、加强层、错层、连体和多塔等复杂类型的3种

注: 1. 仅前后错层或左右错层属于表2中的一项不规则,多数楼层同时前后、左右错层属于本表的复杂连接;
　　2. 不论高度是否大于表1-3,只要满足表1-15中某一项不规则的高层建筑工程均视为超限;
　　3. "高位转换",仅指部分框支剪力墙结构中的框支转换,不包括梁抬柱的"抽柱"转换;6度时框支层超过7层时,建议判别为"高位转换"。

1.2.2 "表1-13"解读

(1) 凹凸不规则

《抗规》3.4.3-2、3:平面长度不宜过长(图1-2),L/B 宜符合表1-16的要求;平面

突出部分的长度 l 不宜过大、宽度 b 不宜过小（图 1-2），l/B_{max}、l/b 宜符合表 1-16 的要求。

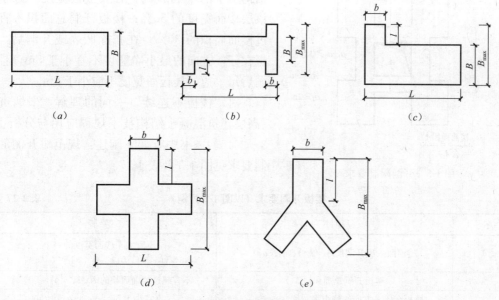

图 1-2 建筑平面示意

平面尺寸及突出部分尺寸的比值限值　　　　　　　　　　表 1-16

设防烈度	L/B	l/B_{max}	l/b
6、7 度	≤6.0	≤0.35	≤2.0
8、9 度	≤5.0	≤0.30	≤1.5

（2）组合平面

《抗规》3.4.3-4：建筑平面不宜采用角部重叠或细腰形平面布置。

对"角部重叠"及"细腰形平面"二词的理解，朱炳寅在《高层建筑混凝土结构技术规程应用与分析 JGJ 3—2010》一书中有如下阐述：对"角部重叠"（当重叠部位的对角线长度 b 小于与之平行方向结构最大有效楼板宽度 B 的 1/3 时，可判定为"角部重叠"及"细腰形平面"（当连接部位的宽度 b 小于平面相应宽度 B 的 1/3 时，可判定为"细腰形平面"）理解如图 1-3 和图 1-4 所示。结构设计中，应避免采用连接较弱、各部分协同工作能力较差的结构平面。

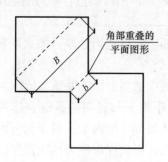

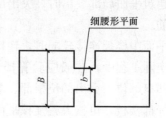

图 1-3 "角部重叠"示意图　　　　图 1-4 "细腰形平面"示意图

（3）楼板不连续

《高规》3.4.6：当楼板平面比较狭长、有较大的凹入或开洞时，应在设计中考虑其对结构产生的不利影响。有效楼板宽度不宜小于该层楼面宽度的50%；楼板开洞总面积不宜超过楼面面积的30%；在扣除凹入或开洞后，楼板在任一方向的最小净宽度不宜小于5m，且开洞后每一边的楼板净宽度不应小于2m。

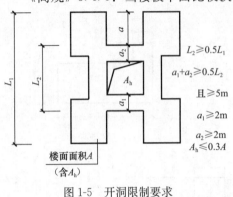

$L_2 \geqslant 0.5L_1$

$a_1+a_2 \geqslant 0.5L_2$

且 $\geqslant 5m$

$a_1 \geqslant 2m$

$a_2 \geqslant 2m$

$A_h \leqslant 0.3A$

图 1-5 开洞限制要求

对"楼板不连续"一词的理解，朱炳寅在《高层建筑混凝土结构技术规程应用与分析 JGJ 3—2010》一书中有如下阐述：规范对开洞的限制要求见图 1-5 及表 1-17。

楼板开洞要求（以图 1-5 为例）   表 1-17

序号	项目	要求
1	楼面凹入或开洞尺寸（L_2）、（a_1+a_2）	不宜大于楼面宽度的一半（$L_2 \geqslant 0.5L_1$）、（$a_1+a_2 \geqslant 0.5L_2$）
2	楼板开洞总面积（A_h）	不宜超过楼面面积的30%、$A_h \leqslant 30\%A$
3	楼板在任一方向的最小净宽度（a_1+a_2）	不宜小于5m、$a_1+a_2 \geqslant 5m$
4	开洞后每一边的楼板净宽度（a_1、a_2）	不应小于2m（a_1、a_2 均应$\geqslant 2m$）

对"楼板平面比较狭长"的情况，在实际工程中，当结构平面长宽比不小于 3 时，可确定为"楼板平面比较狭长"。

对楼板平面有"较大的凹入"的情况，在实际工程中，可根据平面凹入比（平面凹入的深度 a 与相应平面变长 L_1 的比值）确定，当 $a/L_1 \geqslant 0.25$ 时，可确定为楼板平面有"较大的凹入"。

当楼板的开洞总面积（不包括凹入面积）不小于楼面面积（包括开洞面积，但不包括凹入面积）的 30% 时，可确定为"楼板平面有较大的开洞"之情形。

1.2.3 规则性超限时设计针对措施

1. 平面不规则

（1）当楼板开大洞时，洞口周边一跨范围的楼板；对于细腰形平面、楼板有效宽度小于50%的情况，细腰部分的楼板；对平面凹凸不规则，凹口周边各一跨的范围、凸出部位的根部一跨范围内的楼板等均可定义为弹性膜。

（2）当建筑平面局部突出时，突出部位的根部楼板可适当加厚，加大配筋率，并采用双层双向配筋。

（3）当平面中楼板连接较弱时，连接部位楼板应适当加厚，并适当地加大配筋率。

（4）在实际工程中，一般应验算楼板在地震作用下和竖向荷载组合作用下的主拉应力，计算出凹口部位、突出部位根部、楼板连接薄弱部位的内力。对于大开洞周边或连接薄弱部位的局部楼板，可按大震复核平面内承载力，以确保水平力的正常传递。

（5）B 级高度的钢筋混凝土建筑，平面角部不宜设置过大的转角窗；A 级高度高层建筑设置转角窗时，应采取加强措施，转角窗两侧剪力墙肢宜通高设置边缘构件，转角窗部位楼板宜设置暗梁或斜向拉结加强筋，楼板配筋相应加强。其构造措施一般如下：

① 转角梁

梁顶面、底面纵筋应按连梁的要求伸入墙肢，长度不应小于 L_{aE} 且不小于 600mm。梁箍筋应全长加密，间距及直径按相同抗震等级的框架梁加密区要求；在顶层，伸入墙肢的长度范围内应配置箍筋，间距不大于 150mm，直径同梁箍筋。

梁高范围内应配置足够数量的抗扭腰筋，其规格宜与墙肢水平筋相同，其作用是抵抗因梁转折而产生的相互扭矩及结构平面周边扭转应力对梁产生的侧向扭矩，并防止因梁截面高度较大而产生的温度裂缝。腰筋直径不小于 8mm，间距不大于 200mm，当梁合并跨高比不大于 2.5 时，其两侧腰筋的总面积配筋率不小于 0.3%。

适当加强梁底配筋，可有效防止挠度过大的超限，一般构造上不应小于 2ϕ20。转角梁交点处梁纵筋应上下弯锚，长度不小于 L_{aE}。

② 楼板

由于转角窗处局部板没有墙、柱等竖向构件的可靠约束，只有转角梁的弹性约束，因此，转角窗房间的楼板宜适当加厚，一般取不小于 150mm，同时，板配筋宜适当加大，板配筋率取不小于 0.25%，并作双层双向拉通布置。

转角处板内设置连接两侧墙体的暗梁，这样既可加强板边约束，又可使偶然偏心或双向地震所产生的扭转应力通过暗梁直接传至剪力墙，改变了沿转角梁传递的原路径，从而有效地避免了大扭转应力使转角处的楼板因扭转导致局部变形过大甚至挤压脱落的可能。暗梁截面宽一般取 500mm，上下各设 4ϕ16 加强筋，钢筋须锚入两侧剪力墙 45d，箍筋可配 ϕ8@200，当加强筋遇板筋时，板筋应设在上排，使暗梁成为板的支座。

③ 剪力墙

转角窗两侧应避免采用短肢剪力墙和单片剪力墙，宜采用"T"、"L"、"["形等带翼墙的截面形式的墙体。因为"T"、"L"、"["形墙的延性好，并且能与暗梁和楼板形成一个通过梁抗扭刚度来传递弯矩及剪力的抗侧力结构，也能很好地控制角部位移。洞口上下应对齐。

转角窗两侧墙肢应沿墙全高设置约束边缘构件，其暗柱截面高度应不小于 600mm。这是由于转角梁根部弯矩层层叠加下传至首层墙底时，使墙底弯矩很大，暗柱计算配筋也相应较大，所以需要较大的暗柱截面。另外，也为了配合楼板暗梁的钢筋锚固。但一般不设端柱，因其突出建筑墙面，也有碍使用。

转角窗两侧的墙肢长度不宜小于 2000mm，这是因为墙肢过短时，可能会出现抗弯不足的情况，使计算配筋太大而难以配置；若不能增加肢长时，则应增加墙厚，以满足计算配筋为止。

为了提高转角窗两侧墙肢的抗震延性，宜把墙肢的抗震等级提高一级，并按提高后的抗震等级满足轴压比限值要求。

(6) 对于错层结构，规范有如下规定，《高规》10.4.4：抗震设计时，错层处框架柱应符合下列要求：

① 截面高度不应小于 600mm，混凝土强度等级不应低于 C30，箍筋应全柱段加密配置；

② 抗震等级应提高一级采用，一级应提高至特一级，但抗震等级已经为特一级时应允许不再提高。

《高规》10.4.6：错层处平面外受力的剪力墙的截面厚度，非抗震设计时不应小于200mm，抗震设计时不应小于250mm，并均应设置与之垂直的墙肢或扶壁柱；抗震设计时，其抗震等级应提高一级采用。错层处剪力墙的混凝土强度等级不应低于C30，水平和竖向分布钢筋的配筋率，非抗震设计时不应小于0.3%，抗震设计时不应小于0.5%。

2. 竖向不规则

(1) 转换层

规范规定：

1) 《高规》10.2.8：转换梁设计尚应符合下列规定：

① 转换梁与转换柱截面中线宜重合。

② 转换梁截面高度不宜小于计算跨度的1/8。托柱转换梁截面宽度不应小于其上所托柱在梁宽方向的截面宽度。框支梁截面宽度不宜大于框支柱相应方向的截面宽度，且不宜小于其上墙体截面厚度的2倍和400mm的较大值。

③ 转换梁截面组合的剪力设计值应符合下列规定。

④ 托柱转换梁应沿腹板高度配置腰筋，其直径不宜小于12mm、间距不宜大于200mm。

2) 《高规》10.2.10：转换柱设计应符合下列要求：

① 柱内全部纵向钢筋配筋率应符合本规程第6.4.3条中框支柱的规定；

② 抗震设计时，转换柱箍筋应采用复合螺旋箍或井字复合箍，并应沿柱全高加密，箍筋直径不应小于10mm，箍筋间距不应大于100mm和6倍纵向钢筋直径的较小值；

③ 抗震设计时，转换柱的箍筋配箍特征值应比普通框架柱要求的数值增加0.02采用，且箍筋体积配箍率不应小于1.5%。

3) 《高规》10.2.13：箱形转换结构上、下楼板厚度均不宜小于180mm，应根据转换柱的布置和建筑功能要求设置双向横隔板；上、下板配筋设计应同时考虑板局部弯曲和箱形转换层整体弯曲的影响，横隔板宜按深梁设计。

4) 《高规》10.2.15：采用空腹桁架转换层时，空腹桁架宜满层设置，应有足够的刚度。空腹桁架的上、下弦杆宜考虑楼板作用，并应加强上、下弦杆与框架柱的锚固连接构造；竖腹杆应按强剪弱弯进行配筋设计，并加强箍筋配置以及与上、下弦杆的连接构造措施。

5) 《高规》10.2.16：部分框支剪力墙结构的布置应符合下列规定：

① 落地剪力墙和筒体底部墙体应加厚；

② 框支柱周围楼板不应错层布置；

③ 落地剪力墙和筒体的洞口宜布置在墙体的中部；

④ 框支梁上一层墙体内不宜设置边门洞，也不宜在框支中柱上方设置门洞；

⑤ 落地剪力墙的间距 l 应符合下列规定：

a. 非抗震设计时，l 不宜大于 $3B$ 和36m；

b. 抗震设计时，当底部框支层为1~2层时，l 不宜大于 $2B$ 和24m；当底部框支层为3层及3层以上时，l 不宜大于 $1.5B$ 和20m；此处，B 为落地墙之间楼盖的平均宽度。

⑥ 框支柱与相邻落地剪力墙的距离，1~2层框支层时不宜大于12m，3层及3层以上

框支层时不宜大于 10m。

⑦ 框支框架承担的地震倾覆力矩应小于结构总地震倾覆力矩的 50%。

⑧ 当框支梁承托剪力墙并承托转换次梁及其上剪力墙时，应进行应力分析，按应力校核配筋，并加强构造措施。B 级高度部分框支剪力墙高层建筑的结构转换层，不宜采用框支主、次梁方案。

6)《高规》10.2.17：部分框支剪力墙结构框支柱承受的水平地震剪力标准值应按下列规定采用：

① 每层框支柱的数目不多于 10 根时，当底部框支层为 1～2 层时，每根柱所受的剪力应至少取结构基底剪力的 2%；当底部框支层为 3 层及 3 层以上时，每根柱所受的剪力应至少取结构基底剪力的 3%。

② 每层框支柱的数目多于 10 根时，当底部框支层为 1～2 层时，每层框支柱承受剪力之和应至少取结构基底剪力的 20%；当框支层为 3 层及 3 层以上时，每层框支柱承受剪力之和应至少取结构基底剪力的 30%。

框支柱剪力调整后，应相应调整框支柱的弯矩及柱端框架梁的剪力和弯矩，但框支梁的剪力、弯矩、框支柱的轴力可不调整。

7)《高规》10.2.19：部分框支剪力墙结构中，剪力墙底部加强部位墙体的水平和竖向分布钢筋的最小配筋率，抗震设计时不应小于 0.3%，非抗震设计时不应小于 0.25%；抗震设计时钢筋间距不应大于 200mm，钢筋直径不应小于 8mm。

8)《高规》10.2.23：部分框支剪力墙结构中，框支转换层楼板厚度不宜小于 180mm，应双层双向配筋，且每层每方向的配筋率不宜小于 0.25%，楼板中钢筋应锚固在边梁或墙体内；落地剪力墙和筒体外围的楼板不宜开洞。楼板边缘和较大洞口周边应设置边梁，其宽度不宜小于板厚的 2 倍，全截面纵向钢筋配筋率不应小于 1.0%。与转换层相邻楼层的楼板也应适当加强。

其他：

1) 当转换层位置较高时，一般应采用地震作用下少引起转换柱（边柱）柱端弯矩及剪力过大的形式，比如采用斜腹杆桁架结构、斜撑结构、空腹桁架结构等。应尽量避免采用厚板转换结构。如果上下柱网或墙肢很难对齐，一般可采用箱形转换结构。

对转换结构，应采用≥2 个以上不同力学模型的软件计算，并作相互比较和分析。可采用弹性时程分析作为补充计算，必要时可采用弹塑性时程分析校核。

2) 采用斜腹杆桁架、空腹桁架作为转换结构时，一般应满足如下要求，斜腹杆桁架或空腹桁架宜整层设置，桁架上弦节点宜与上部框架柱和剪力墙肢的形心对齐；上、下弦杆应按偏心受压或者偏心受拉杆件设计；当其轴向刚度、弯曲刚度考虑相连楼板作用时，应考虑竖向荷载或地震作用下楼板混凝土受拉开裂可能导致刚度退化的影响，宜按不考虑楼板作用复合转换桁架的杆件内力。

3) 应加强转换层下部结构的侧向刚度，使转换层上下主体结构侧向刚度尽可能接近、平稳过渡。控制转换层下层与上层的侧向刚度比不小于 0.7，当转换层设置在 3 层及 3 层以上时，其楼层侧向刚度不应小于相邻上部楼层的 0.6；一般不宜出现楼层侧向刚度和受剪承载力同时不满足规范限值的楼层。

4) 对于框支转换结构，框支转换层以下的落地剪力墙和筒体厚度应加厚，落地剪力墙承担的地震倾覆力矩应不小于结构总地震倾覆力矩的 50％。

5）框支转换的转换层设置在 3 层及 3 层以上时，框支柱及剪力墙底部加强部位的抗震等级宜提高一级，已为特一级时可不再提高；框支梁抗震等级可不提高，但其截面受弯和受剪承载力宜满足大震安全（大震不屈服）的计算要求；框支柱的地震剪力至少按小震 30％总剪力控制，并进行中震弹性计算。为了使框支层的框架剪力按总剪力 30％调整后仍满足二道防线的要求，框架按计算分配的剪力，不宜大于楼层剪力的 20％。

（2）多塔结构

规范规定：

《高规》10.6.3：抗震设计时，多塔楼高层建筑结构应符合下列规定：

① 各塔楼的层数、平面和刚度宜接近；塔楼对底盘宜对称布置；上部塔楼结构的综合质心与底盘结构质心的距离不宜大于底盘相应边长的 20％。

② 转换层不宜设置在底盘屋面的上层塔楼内。

③ 塔楼中与裙房相连的外围柱、剪力墙，从固定端至裙房屋面上一层的高度范围内，柱纵向钢筋的最小配筋率宜适当提高，剪力墙宜按本规程第 7.2.15 条的规定设置约束边缘构件，柱箍筋宜在裙楼屋面上、下层的范围内全高加密；当塔楼结构相对于底盘结构偏心收进时，应加强底盘周边竖向构件的配筋构造措施。

④ 大底盘多塔楼结构，可按本规程第 5.1.14 条规定的整体和分塔楼计算模型分别验算整体结构和各塔楼结构扭转为主的第一周期与平动为主的第一周期的比值，并应符合本规程第 3.4.5 条的有关要求。

建模分析：

某大底盘多塔剪力墙结构建模与受力分析

某一大底盘多塔结构，共 4 栋楼，其中一栋为 30 层，其余为 20 层，底部为一层地下车库，可以按照下面步骤进行建模和受力分析：

1）建立一个多塔的整体模型，为了方便设置多塔，可每栋楼设置一个标准层（广义楼层建模），用这个模型进行基础设计。

2）把这个多塔根据设缝和结构布置，删除部分地上高层结构（塔），只保留一个单塔（但还带着大底盘），用这个模型跟建筑专业协调，进行周期、位移、内力配筋计算。该塔下部的基础设计也参考这个模型进行调整。

3）待出图之前，将整体模型按照最终的结构布置修改一遍（通常重建一个，校核单塔模型的配筋，进行包络设计）。

综上：基础设计以整体模型为主，参考单塔模型包络设计。内力计算以大底盘单塔为主，参考整体模型包络设计。

其他：

1）多塔结构有三个主要特征：裙房上部有多栋塔楼，如只有一栋塔楼是单塔结构，不是多塔结构；地上应有裙房。如多个塔楼仅通过地下室连为一体，没有裙房，不是严格意义上的多塔结构，但可以参考多塔结构的计算分析方法；裙房应较大，可以将各塔楼连为一体，如仅有局部小裙房但不连为一体，也不是多塔结构。

2）对于多塔小底盘结构，45 度线有可能交于底盘范围之外，就不必再切分，保留原有底盘即可。对于裙房层数较多的多塔结构，不宜再进行高位切分，仅去掉其他塔即可。

采用切分多塔结构的离散模型，是不得已而为之的方法，但并不是最理想的分析方式，因其忽略了多塔通过底盘的相互影响。在各塔楼体系不一致，或塔楼层数、质量刚度相差很大，或塔楼布置不规则不对称，塔楼间的相互影响不能忽略时，应考虑采用其他补充计算分析方法，如弹性动力时程分析、弹塑性分析等。

《上海规程》第 6.1.19 条条文说明：如遇到较大面积地下室而上部塔楼面积较小的情况，在计算地下室相对刚度时，只能考虑塔楼及其周围的抗测力构件的贡献，塔楼周围的范围可以在两个水平方向分别取地下室层高的 2 倍左右。在各塔楼周边引 45 度线一直伸到地下室底板，45 度线范围内的竖向构件作为与上部结构共同作用的构件。45 度线剖分法，嵌固于基础顶面（如筏板处），截取单塔计算周期比、塔楼位移比及塔楼配筋。

3）底盘屋面板厚度不宜小于 150mm，并应加强配筋，双层双向拉通。底盘屋面上、下各一层结构楼板也应采取加强措施。多塔楼之间裙房连接体的屋面梁以及塔楼中与裙房连接体相连的外围柱、剪力墙，从地下室顶板起至裙房屋面上一层的高度范围内，柱纵筋最小配筋率宜适当提高（≥10%），柱箍筋宜在裙房楼屋面上、下层的范围内全高加密。

4）底盘屋面高度超过塔楼高度的 20% 时，塔楼在底盘屋面上一层的层间位移角不宜大于底盘楼层最大层间位移角的 1.15 倍；底盘屋面上、下各两层的塔楼周边竖向构件的抗震等级宜提高一级，框架柱箍筋宜全高加密。

5）多塔结构二道防线分析时，框架部分剪力分担比例宜按各塔楼独立模型（不带裙房）分别计算；多塔结构整体稳定验算时，宜按各塔楼独立模型分别验算刚重比。对于多塔结构，大底盘楼板应按弹性楼板处理；宜采用弹性时程分析法作为补充计算。

（3）带加强层结构

规范规定：

《高规》10.3.1：

当框架-核心筒、筒中筒结构的侧向刚度不能满足要求时，可利用建筑避难层、设备层空间，设置适宜刚度的水平伸臂构件，形成带加强层的高层建筑结构。必要时，加强层也可同时设置周边水平环带构件。水平伸臂构件、周边环带构件可采用斜腹杆桁架、实体梁、箱形梁、空腹桁架等形式。

《高规》10.3.2：

带加强层高层建筑结构设计应符合下列规定：

① 应合理设计加强层的数量、刚度和设置位置。当布置 1 个加强层时，可设置在 0.6 倍房屋高度附近；当布置 2 个加强层时，可分别设置在顶层和 0.5 倍房屋高度附近；当布置多个加强层时，宜沿竖向从顶层向下均匀布置。

② 加强层水平伸臂构件宜贯通核心筒，其平面布置宜位于核心筒的转角、T 字节点处；水平伸臂构件与周边框架的连接宜采用铰接或半刚接；结构内力和位移计算中，设置水平伸臂桁架的楼层宜考虑楼板平面内的变形。

③ 加强层及其相邻层的框架柱、核心筒应加强配筋构造。

④ 加强层及其相邻层楼盖的刚度和配筋应加强。

⑤ 在施工程序及连接构造上应采取减小结构竖向温度变形及轴向压缩差的措施，结构分析模型应能反映施工措施的影响。

《高规》10.3.1：

抗震设计时，带加强层高层建筑结构应符合下列要求：

① 加强层及其相邻层的框架柱、核心筒剪力墙的抗震等级应提高一级采用，一级应提高至特一级，但抗震等级已经为特一级时应允许不再提高；

② 加强层及其相邻层的框架柱，箍筋应全柱段加密配置，轴压比限值应按其他楼层框架柱的数值减小 0.05 采用；

③ 加强层及其相邻层核心筒剪力墙应设置约束边缘构件。

其他：

1）宜采用两个以上不同的力学模型的软件计算，相互比较与分析。应采用弹性时程分析法做补充计算，必要时宜采用弹塑性时程分析校核。

2）结构内力和变形计算时，加强层上下楼板应考虑平面内变形的影响；加强层上、下楼层刚度比宜按弹性楼盖假定进行整体计算；多遇地震下伸臂杆件的内力，应采用弹性膜假定计算，并考虑楼板可能开裂对面内刚度的影响，必要时宜采用平面内零刚度楼盖进行验算。中震或大震作用下承载力验算时，不宜考虑楼板刚度对伸臂桁架上下弦杆的有利作用。

3）加强层相邻下一层核心筒墙体水平分布配筋率应加大。加强层相邻下一层的楼层受剪承载力比，一般较难满足规范要求，建议考虑构件实际截面尺寸和配筋手算相邻楼层受剪承载力比值，计算上部加强层伸臂和环带桁架的斜撑对楼层受剪承载力贡献时，应考虑斜撑受压屈服的影响。

（4）连体结构

规范规定：

1）《高规》10.5.2：7 度（0.15g）和 8 度抗震设计时，连体结构的连接体应考虑竖向地震的影响。

2）《高规》10.5.3：6 度和 7 度（0.10g）抗震设计时，高位连体结构的连接体宜考虑竖向地震的影响。

3）《高规》10.5.4：连接体结构与主体结构宜采用刚性连接。刚性连接时，连接体结构的主要结构构件应至少伸入主体结构一跨并可靠连接；必要时可延伸至主体部分的内筒，并与内筒可靠连接。

当连接体结构与主体结构采用滑动连接时，支座滑移量应能满足两个方向在罕遇地震作用下的位移要求，并应采取防坠落、撞击措施。罕遇地震作用下的位移要求，应采用时程分析方法进行计算复核。

4）《高规》10.5.5：刚性连接的连接体结构可设置钢梁、钢桁架、型钢混凝土梁，型钢应伸入主体结构至少一跨并可靠锚固。连接体结构的边梁截面宜加大；楼板厚度不宜小于 150mm，宜采用双层双向钢筋网，每层每方向钢筋网的配筋率不宜小于 0.25%。

当连接体结构包含多个楼层时，应特别加强其最下面一个楼层及顶层的构造设计。

5）《高规》10.5.6：抗震设计时，连接体及与连接体相连的结构构件应符合下列要求：

① 连接体及与连接体相连的结构构件在连接体高度范围及其上、下层，抗震等级应提高一级采用，一级提高至特一级，但抗震等级已经为特一级时应允许不再提高；

② 与连接体相连的框架柱在连接体高度范围及其上、下层，箍筋应全柱段加密配置，

轴压比限值应按其他楼层框架柱的数值减小 0.05 采用；

③ 与连接体相连的剪力墙在连接体高度范围及其上、下层应设置约束边缘构件。

6)《高规》10.5.7：连体结构的计算应符合下列规定：

① 刚性连接的连接体楼板应按本规程第 10.2.24 条进行受剪截面和承载力验算；

② 刚性连接的连接体楼板较薄弱时，宜补充分塔楼模型计算分析。

其他：

1）连体结构连接方式

强连接：

当连接体有足够的刚度，足以协调两塔之间的内力和变形时，可设计成强连接形式。强连接又可分为刚接或铰接，但无论采用哪种形式，对于连体而言，由于它要负担起结构整体内力和变形协调的功能，因此它的受力非常复杂。在大震下连接体与各塔楼连接处的混凝土剪力墙往往容易开裂，在设计时应加强。当采用强连接时，连体结构的扭转效应更明显一些，这是因为连体部分的存在，使与其相连的两个塔不能独立自由振动，每一个塔的振动都要受另一个塔的约束。两个塔可以同向平动，也可以相向振动。

弱连接：

当连接体刚度比较弱，不足以协调两塔之间的内力和变形时，可设计成弱连接。弱连接可以做成一端与结构铰接，另一端为滑动支座，或两端均为滑动支座。对于这种结构形式，由于两塔可以相对独立运动，不需要通过连体部分进行内力和变形协调，因此连接体受力较小，结构整体计算时可不考虑连接体的作用而按多塔计算。弱连接形式的设计重点在于滑动支座的做法，还要计算滑动支座的滑移量以避免两塔体相对运动较大时连接体塌落或相向运动时连接体与塔楼主体发生碰撞。

2）连体结构连接方式的要求

强连接形式的计算要求：

应采用至少两个不同力学模型的三维空间分析软件进行整体内力、位移计算；抗震计算时应考虑偶然偏心和双向地震作用，程序自动取最不利计算，阵型数要取得足够多，以保证有效参与系数不小于 90%；应采用弹性动力时程分析、弹塑性静力或动力分析法验算薄弱层塑性变形，并找出结构构件的薄弱部位，做到大震下结构不倒塌；由于连体结构的跨度大，相对于结构的其他部分而言，其连体部分的刚度比较弱，应注意控制连体部分各点的竖向位移，以满足舒适度的要求；8 度抗震设计时，连体结构的连接体应考虑竖向地震的影响；连体结构属于竖向不规则结构，应把连体结构所在层指定为薄弱层；连体结构中连接部分楼板狭长，在外力作用下易产生平面内变形，应将连接处的楼板设为"弹性膜"；《高规》10.5.6 条规定：连接体及与连接体相连的结构构件在连接体高度范围及其上、下层，抗震等级应提高一级采用，一级提高至特一级，但抗震等级已经为特一级时应允许不再提高；可以在"特殊构件补充定义"中人为指定；连体结构中的连接部分宜进行中震弹性或中震不屈服验算；连体结构内侧和外侧墙体在罕遇地震作用下受拉破坏严重，出现多条受拉裂缝，宜适当提高剪力墙竖向分布筋的配筋率和端部约束边缘构件的配筋面积，以增强剪力墙抗拉承载力。

弱连接形式的计算要求：

弱连接形式的计算要求除了强连接的那些要求外，连体与支座应有十分可靠的连接，要保证连接部位在大震作用下的锚固螺栓不松动、变形以致拔出，在设计时应用大震作用下的内力作为拔拉力。

3）连体结构宜优先采用钢结构，尽量减轻结构自重；当连体结构包含多个楼层时，最下面一层宜采用桁架结构形式。

多遇地震和风荷载作用下，楼板拉应力不宜超过混凝土轴心抗拉强度标准值。连体结构抗震计算应采用弹性时程分析方法作为补充验算：7 度（0.15g）和 8 度时连接体应考虑竖向地震影响；6 度和 7 度（0.10g）时高度超过 80m 的连接体也宜计算竖向地震作用。跨度较大的连接体，宜采用竖向时程分析法对竖向地震补充复核。

刚性连接的连体部分楼板，应补充楼板截面受剪承载力验算，连体部分楼板的截面剪力可取连体楼板承担的两侧塔楼楼层地震作用力之和的较小值。

连接体主要受力构件宜按中震弹性进行设计；两侧支座及与支座相邻的塔楼构件宜按中震不屈服进行设计。

（5）体形收进结构

规范规定：

《高规》10.6.2：多塔楼结构以及体型收进、悬挑结构，竖向体型突变部位的楼板宜加强，楼板厚度不宜小于 150mm，宜双层双向配筋，每层每方向钢筋网的配筋率不宜小于 0.25%。体型突变部位上、下层结构的楼板也应加强构造措施。

《高规》10.6.5：体型收进高层建筑结构、底盘高度超过房屋高度 20% 的多塔楼结构的设计应符合下列规定：

① 体型收进处宜采取措施减小结构刚度的变化，上部收进结构的底部楼层层间位移角不宜大于相邻下部区段最大层间位移角的 1.15 倍；

② 抗震设计时，体型收进部位上、下各 2 层塔楼周边竖向结构构件的抗震等级宜提高一级采用，一级提高至特一级，抗震等级已经为特一级时，允许不再提高；

③ 结构偏心收进时，应加强收进部位以下 2 层结构周边竖向构件的配筋构造措施。

其他：

体形收进的结构在计算地震作用时，应采用弹性时程法作为补充计算。

（6）悬挑结构

规范规定：

《高规》10.6.4：悬挑结构设计应符合下列规定：

① 悬挑部位应采取降低结构自重的措施。

② 悬挑部位结构宜采用冗余度较高的结构形式。

③ 结构内力和位移计算中，悬挑部位的楼层宜考虑楼板平面内的变形，结构分析模型应能反映水平地震对悬挑部位可能产生的竖向振动效应。

④ 7 度（0.15g）和 8、9 度抗震设计时，悬挑结构应考虑竖向地震的影响；6、7 度抗震设计时，悬挑结构宜考虑竖向地震的影响。

⑤ 抗震设计时，悬挑结构的关键构件以及与之相邻的主体结构关键构件的抗震等级宜提高一级采用，一级提高至特一级，抗震等级已经为特一级时，允许不再提高。

其他：

① 悬挑部分宜优先采用钢结构，以减轻自重；悬挑结构质量相对较大，高阶振型的

影响显著，抗震计算应选取足够数量的振型数，并应采用弹性时程分析法进行补充计算和分析。

② 悬挑跨度较大、高度较高时，应补充竖向地震作用的计算，并考虑以竖向地震作用为主的工况组合。

③ 悬挑部位采用悬挑桁架形式时，应采用弹性膜楼盖假定计算，并考虑楼板可能开裂对面内刚度的影响，必要时宜采用平面内零刚度楼盖假定进行验算。中震或大震承载力验算时，不宜考虑楼板刚度对悬挑桁架上下弦杆的有利作用。

④ 应对大跨度悬挑结构楼板的竖向振动舒适度进行验算。抗震设计时，悬挑结构的关键构件以及与之相邻的主体结构关键构件的抗震等级应提高一级（已为特一级时不再提高）；悬挑结构关键构件（悬挑部分根部的弦杆、斜腹杆等）的抗震承载力应满足大震不屈服设计要求。

1.2.4 规则性超限时软件分析简述

（1）规则性超限时，也应满足："1.1.4 高度超限时软件分析简述"的要求。

（2）当规则性超限时，可以采用结构软件 midas Gen 对设置水平伸臂桁架的楼层以及存在内收敛斜柱的楼层，比较重要的楼层进行楼板平面内变形和应力分析，尽量让楼层平均拉应力在混凝土受拉强度标准值范围以内。

（3）对于加强层，用 midas Gen 等软件对加强层伸臂和环带构件内力计算时，上、下弦杆所在楼层楼板采用平面应力膜单元进行模拟，并应考虑楼板混凝土开裂、面内刚度降低的影响，为了偏于安全，可不考虑楼板作用，验算伸臂和环带构件截面应力。

1.3 结构类型超限的种类、设计针对措施及软件分析简述

1.3.1 结构类型超限的种类

结构类型超限的种类一般包括四种，分别为：上部钢结构、下部混凝土结构组成的组合高层结构、没有外框柱的筒体结构、没有内部核心筒的框筒结构及巨型框架结构。

对于上部钢结构、下部混凝土结构组成的组合高层结构，此类结构应重点解决好地震作用计算、结构阻尼比的取值以及上下部分连接可靠的问题；对于没有外框柱的筒体结构，此类结构应重点解决好混凝土连梁与墙肢的关系，使连梁起到第一道防线的作用，确保大震下墙肢受力安全；对于没有内部核心筒的框筒结构，由于水平风荷载和地震作用100%由钢筋混凝土外框筒承担，应视为结构类型超限的高层建筑。

1.3.2 结构类型超限时的设计针对措施

对于上部为钢结构、下部为混凝土的组合高层结构，在实际设计中，应注意如下问题：

（1）上部为钢结构、下部为混凝土的组合高层结构宜设置过渡层，确保上、下竖向构件连接可靠、刚度和承载力平稳过渡。上部钢结构的钢柱宜下插至下部混凝土柱内不少于一层、上、下柱截面刚度和承载力应平缓过渡，变化幅度不宜超过30%；

（2）上部设置钢支撑时，钢支撑宜布置在下部混凝土剪力墙对应的位置；

（3）地震作用计算时，结构阻尼比取值应合理。宜采用具有对不同材料分别定义阻尼

比进行整体分析功能的软件进行抗震计算；也可以根据实际情况，取上部钢结构的阻尼比对结构进行整体分析，得到的内力用于上部钢结构的截面设计，而下部混凝土结构设计，可根据实际情况取结构阻尼比为 0.025～0.035。

（4）如果有必要，应采用弹性时程法进行补充计算，并与反应谱计算结果进行包络设计。

对于巨型结构体系，在实际设计中，应注意如下问题：

（1）巨型结构体系由巨型构件（巨型柱、巨型梁、巨型斜撑）构成的主结构与常规结构构成的次结构共同组成，协同工作的一种结构体系；

（2）巨型结构体系中的巨型柱宜放置在结构的角部或边缘部位；巨型梁宜沿竖向均匀布置，并宜在顶层设置巨型梁；

（3）巨型结构体系中的次结构可设计成地震中的第一道防线，在设防烈度地震作用下可进入塑性；在罕遇地震作用下，主结构中水平构件可进入塑性，主结构中的竖向构件不进入塑性或部分进入塑性。

（4）应采用两个以上不同的力学模型的软件计算，并做相互比较和分析；应采用弹性时程分析法做补充计算，必要时宜采用弹塑性时程法进行分析校核，巨型结构应进行施工过程的模拟分析计算。

1.3.3　结构类型超限时软件分析简述

结构类型超限时，也应满足："1.1.4 高度超限时软件分析简述"的要求及"1.2.4 规则性超限时软件分析简述"。

2 超限高层建筑抗震性能设计

2.1 规范规定

《高规》3.11.1：结构抗震性能设计应分析结构方案的特殊性、选用适宜的结构抗震性能目标，并采取满足预期的抗震性能目标的措施。

结构抗震性能目标应综合考虑抗震设防类别、设防烈度、场地条件、结构的特殊性、建造费用、震后损失和修复难易程度等各项因素选定。结构抗震性能目标分为 A、B、C、D 四个等级，结构抗震性能分为 1、2、3、4、5 五个水准（表 2-1），每个性能目标均与一组在指定地震地面运动下的结构抗震性能水准相对应。

结构抗震性能目标 表 2-1

性能目标 / 性能水准 / 地震水准	A	B	C	D
多遇地震	1	1	1	1
设防烈度地震	1	2	3	4
预估的罕遇地震	2	3	4	5

《高规》3.11.2：结构抗震性能水准可按表 2-2 进行宏观判别。

各性能水准结构预期的震后性能状况 表 2-2

结构抗震性能水准	宏观损坏程度	损坏部位			继续使用的可能性
		关键构件	普通竖向构件	耗能构件	
1	完好、无损坏	无损坏	无损坏	无损坏	不需修理即可继续使用
2	基本完好、轻微损坏	无损坏	无损坏	轻微损坏	稍加修理即可继续使用
3	轻度损坏	轻微损坏	轻微损坏	轻度损坏、部分中度损坏	一般修理后可继续使用
4	中度损坏	轻度损坏	部分构件中度损坏	中度损坏、部分比较严重损坏	修复或加固后可继续使用
5	比较严重损坏	中度损坏	部分构件比较严重损坏	比较严重损坏	需排险大修

注："关键构件"是指该构件的失效可能引起结构的连续破坏或危及生命安全的严重破坏；"普通竖向构件"是指"关键构件"之外的竖向构件；"耗能构件"包括框架梁、剪力墙连梁及耗能支撑等。

2.2 中震、大震作用下的性能设计

朱炳寅在《高层建筑混凝土结构技术规程应用与分析 JGJ 3—2010》一书中对中震、大震作用下的性能设计做了相关的规定,如表 2-3 所示。

结构在中震和大震下的性能设计要求　　　　　　　　　　　　　　　　表 2-3

性能水准	要求	
1	中震时,结构构件的正截面承载力及受剪承载力满足弹性设计要求	
2	中震或大震时	1) 关键构件及普通竖向构件:正截面承载力及受剪承载力满足弹性设计要求
		2) 耗能构件:受剪承载力满足弹性设计要求,正截面承载力满足"屈服承载力"设计要求
3	中震或大震时	1) 应进行弹塑性计算分析
		2) 关键构件及普通竖向构件:正截面承载力满足水平地震作用为主的"屈服承载力"设计要求
		3) 水平长悬臂和大跨度结构中的关键构件:正截面承载力满足竖向地震为主的"屈服承载力"设计要求,其受剪承载力满足弹性设计要求
		4) 部分耗能构件:进入屈服,其受剪承载力满足"屈服承载力"要求
		5) 控制大震下结构薄弱层的层间位移角
4	中震或大震时	1) 应进行弹塑性计算分析
		2) 关键构件:正截面承载力及受剪承载力应满足水平地震作用为主的"屈服承载力"设计要求
		3) 水平长悬臂和大跨度结构中的关键构件:正截面承载力满足竖向地震为主的"屈服承载力"设计要求
		4) 部分竖向构件及大部分耗能构件:进入屈服,混凝土竖向构件及钢-混凝土组合剪力墙满足"截面剪压比"要求
		5) 控制大震下结构薄弱层的层间位移角
5	大震时	1) 应进行弹塑性计算分析
		2) 关键构件:正截面承载力及受剪承载力应满足水平地震作用为主的"屈服承载力"设计要求
		3) 竖向构件:较多进入屈服,但同一楼层不宜全部屈服,满足"截面剪压比"要求
		4) 部分耗能构件:发生比较严重的破坏
		5) 控制大震下结构薄弱层的层间位移角

2.3 抗震性能设计工程实例

(1) 工程实例 1

该工程抗震设防烈度为 8 度,该项目由商业裙房和三栋塔楼组成,塔楼和裙房之间不设变形缝,该工程地下 4 层,地下 1～地下 4 层层高分别为 6m,4.5m,3.6m,3.6m;裙房地上 5 层,首层层高为 6.0m,其余各层层高均为 5.2m;A 塔地上 28 层,11 层为避难层,结构高度为 135m,功能为银行办公;B 塔地上 11 层,结构高度为 61.9m,功能为金融交易;C 塔地上 15 层,结构高度为 63.9m,功能为五星级酒店。

工程性能设计要求如表 2-4 所示。

工程性能设计要求 表 2-4

设防水准		小震	中震	大震
整体结构性能水准定性描述		完好、无破坏	有破坏，但可修复	不倒塌
层间位移角限值		$h/800$	—	$h/100$
关键构件	A塔底部加强区域核心筒剪力墙	弹性	抗剪弹性，压弯及拉弯不屈服	抗剪不屈服，按照《高规》式（3.11.3-4）进行截面控制
	A塔底部加强区域外框柱	弹性	抗剪弹性，压弯及拉弯不屈服	抗剪不屈服，按照《高规》式（3.11.3-4）进行截面控制
	A塔在裙房顶板对应的相邻上下各一层框架柱	弹性	抗剪弹性	允许进入塑性
	穿层柱、斜柱	弹性	抗剪弹性，压弯及拉弯不屈服	允许进入塑性
	支撑转换梁的柱子	弹性	弹性	允许进入塑性
	托柱转换梁	弹性	弹性	满足极限承载力
	裙房5层顶板	弹性	弹性	允许开裂，钢筋可屈服
	裙房层开大洞周边楼板	细化有限元应力分析，混凝土核心层不开裂	细化有限元应力分析，钢筋不屈服	允许开裂，钢筋可屈服

（2）工程实例 2

该工程抗震设防烈度为 8 度，建筑高度为 528m，在结构上采用了含有巨型柱、巨型斜撑及转换桁架的外框筒以及含有组合钢板剪力墙的核心筒，形成了巨型钢-混凝土筒中筒结构体系。

工程性能设计要求如表 2-5 所示。

工程性能设计要求 表 2-5

地震烈度水准			多遇地震	设防地震	罕遇地震
结构整体性能			不损坏	可修复的损坏	无倒塌
层间位移限值			$h/500$	—	$h/100$
主要抗侧构件性能	核心筒墙体	压弯	弹性（按规范设计要求）	弹性（底部加强部位）	允许进入塑性，控制材料应变
		拉弯		不屈服（其他楼层及次要墙体）	
		抗剪		弹性	抗剪截面，不屈服
	核心筒连梁			允许进入塑性	最早进入塑性
	巨型柱			弹性	可修复：控制变形 $\theta < \theta_{IO}$
	次框架、小柱、边梁			不屈服	可修复：控制变形 $\theta < \theta_{LS}$
	巨型斜撑			弹性	可修复：控制变形 $\theta < \theta_{IO}$
	转换桁架			弹性	不屈服
	角部桁架、帽桁架			弹性	可修复：控制变形 $\theta < \theta_{IO}$

注：h 为层高；θ 为塑性铰转角；θ_{IO} 为 IO 阶段对应塑性铰转角限值；θ_{LS} 为 LS 阶段对应塑性铰转角限值。

（3）工程实例 3

该工程抗震设防烈度为 8 度，建筑高度约为 183m，结构高度为 179.45m，地上 39 层，地下 3 层，采用型钢混凝土柱钢梁框架-钢筋混凝土核心筒结构体系。本塔楼的结构特点为不设置伸臂桁架和腰桁架，平面形状为矩形，纵向较窄，横向柱网为大小跨。

工程性能设计要求如表 2-6 所示。

表 2-6

工程性能设计要求

地震烈度		多遇地震	设防烈度地震	罕遇地震
性能水平定性描述		不损坏	可修复损坏	无倒塌
层间位移角限值		1/680	—	1/100
核心筒墙肢	压弯、拉弯	弹性	底部加强部位不屈服，其他楼层及次要墙体不屈服	允许进入塑性
	抗剪	弹性	底部加强部位承载力弹性，过渡区承载力不屈服，过渡区往上宜承载力不屈服	满足不屈服截面控制条件
核心筒连梁 外框梁 外框柱 其他结构构件		弹性 弹性 弹性 弹性	允许进入塑性 允许进入塑性 不屈服 允许进入塑性	最早进入塑性 允许进入塑性 允许进入塑性 允许进入塑性
节点			不先于构件破坏	

（4）工程实例 4

该工程抗震设防烈度为 6 度，主楼建筑高度为 243m，采用钢筋混凝土框架-核心筒结构。综合考虑结构体系特点、超限程度及分析结果，主楼结构抗震性能目标为 C 级。

工程性能设计要求如表 2-7 所示。

表 2-7

工程性能设计要求

地震烈度水准		小震	中震	大震
结构抗震性能水准		1	3	4
层间位移角限值		1/600	1/400	1/100
损坏部位	转换桁架及支撑柱、转换斜柱以及承受较大拉力的楼面梁	无损坏（弹性）	无损坏（弹性）	轻微损坏（抗弯不屈服，抗剪弹性）
	剪力墙底部加强区及相应部位的框架柱	无损坏（弹性）	轻微损坏（抗弯不屈服，抗剪弹性）	轻度损坏（抗弯不屈服，满足抗剪截面控制条件）
	剪力墙非底部加强区及相应部位的框架柱	无损坏（弹性）	轻微损坏（抗弯不屈服，抗剪弹性）	部分构件中度损坏（抗弯屈服，满足抗剪截面控制条件）
	框架梁、连梁	无损坏（弹性）	部分中度损坏（抗弯屈服，抗剪不屈服）	中度损坏、部分比较严重损坏（抗弯屈服，满足抗剪截面控制条件）

（5）工程实例 5

该工程抗震设防烈度为 6 度，结构高度为 224.8m，属超高层结构，建筑高宽比达到了 10.8。

工程性能设计要求如表 2-8 所示。

表 2-8

工程性能设计要求

构件类别		地震动水准		
		小震	中震	大震
关键构件	所有混凝土筒体外墙和底部加强区范围内的其他剪力墙（包括混凝土筒体内墙和非组合筒体剪力墙），底部加强区范围内的框架柱，转换构件（梁、柱）	弹性	抗剪弹性，抗弯不屈服	抗剪不屈服，抗弯不屈服

构件类别		地震动水准		
		小震	中震	大震
普通竖向构件	非底部加强区范围内的混凝土筒体内墙和非混凝土筒体剪力墙，非底部加强区范围内的框架柱	弹性	抗剪弹性，抗弯不屈服	满足抗剪截面限制条件，部分屈服
耗能构件	框架梁，连梁	弹性	抗剪不屈服，抗弯部分屈服	大部分屈服

（6）工程实例6

该工程抗震设防烈度为7度，结构高度162.65m，采用框架-核心筒结构，框架柱采用适应建筑立面的内收和外张的斜柱。

工程性能设计要求如表2-9所示。

工程性能设计要求　　　　　　　　　　　　表2-9

地震烈度			小震	中震	大震
层间位移角限值			1/760	—	1/100
构件性能	核心筒墙肢	底部加强部位及斜柱外张段（13～22层、31～40层）	按抗震要求设计，弹性	截面抗剪承载力按弹性设计，偏拉、偏压承载力不屈服	允许部分进入塑性，抗剪截面不屈服，满足截面控制条件
		一般部位	按抗震要求设计，弹性	截面抗剪承载力按不屈服设计，偏拉、偏压承载力不屈服	允许部分进入塑性
	核心筒连梁		按抗震要求设计，弹性	允许进入塑性	允许部分进入塑性
	框架柱	底部加强部位、转折层及其上下各一层	按抗震要求设计，弹性	保持弹性	不屈服
		一般部位	按抗震要求设计，弹性	不屈服	允许部分进入塑性
	转折层及其上下各一层框架梁		按抗震要求设计，弹性	拉弯承载力按弹性设计	允许部分进入塑性，控制损伤
	框架梁（一般层）		按抗震要求设计，弹性	允许部分进入塑性	允许部分进入塑性
	楼板	转折层及其上下各一层	按抗震要求设计，弹性	不屈服	允许部分进入塑性，控制混凝土损伤，钢筋不屈服

（7）工程实例7

该工程抗震设防烈度为8度，结构高166.7m，采用钢管混凝土柱框架＋钢筋混凝土核心筒＋环带桁架结构体系。在高区避难层设置环带桁架作为结构加强层，提高了结构整体抗侧刚度。

工程性能设计要求如表2-10所示。

工程性能设计要求 表 2-10

地震水准		小震	中震	大震
性能等级		无破坏	可修复	无倒塌
关键构件	核心筒底部加强区	弹性	抗剪弹性抗弯不屈服	抗剪不屈服
	加强层及其上下层外框架柱	弹性	弹性	抗剪不屈服
普通竖向构件	核心筒加强区以上	弹性	不屈服	满足抗剪截面控制条件
	一般楼层外框架柱	弹性	不屈服	满足抗剪截面控制条件
其他构件	环带桁架上下弦杆	弹性	不屈服	形成塑性铰

3 超限高层建筑在实际工程中设计难点常见问题解答

3.1 超限高层建筑体系如何选取?

答：超限高层建筑体系可以选择剪力墙体系、巨型钢-混凝土筒中筒（含有巨型柱、巨型斜撑及转换桁架的外框筒以及含有组合钢板剪力墙的核心筒）、型钢混凝土柱钢梁框架-钢筋混凝土核心筒结构、混合结构、筋混凝土框架-核心筒结构、巨型钢框架＋核心筒＋伸臂桁架体系、斜撑的密排柱外框＋剪力墙结构。

3.2 如何考虑地震作用下考虑连梁失效后二道防线作用?

答：某工程是这样考虑的：连梁刚度折减系数取 0.3，当楼层框架承担的剪力小于 0.2 倍结构底层总剪力时，应对其框架剪力进行放大调整，框架剪力按照连梁刚度折减系数 0.3 时计算的框架剪力进行调整。

3.3 如何对墙肢分别进行中震弹性和中震不屈服验算?

答：按照性能目标，对墙肢分别进行中震弹性和中震不屈服验算，计算时均不考虑风荷载。中震弹性即在中震作用下结构承载力满足弹性设计要求，计算时不考虑地震内力调整，采用与小震作用时相同的荷载分项系数、材料分项系数和抗震承载力调整系数。而中震不屈服即在中震作用下结构承载力满足不屈服设计要求，计算时不考虑地震内力调整，荷载分项系数取 1.0，材料强度取标准值，抗震承载力调整系数取 1.0。

3.4 悬挑结构竖向地震作用如何计算?

答：某工程是这样计算的：针对其悬挑结构，竖向地震计算采用直接地震作用系数法，并依据悬挑结构各节点在竖向地震作用下的加速度分布情况进行修正。采用 midas Gen 软件对其进行竖向地震的弹性时程分析，采用多重 Ritz 向量法，选取 Taft 波、San-Fernando 波以及一条人工波，阻尼比取 0.02。

选取位于不同高度的数个标准层的悬挑结构为研究对象，通过竖向地震时程分析，计算各悬挑主梁节点竖向加速度。将其加速度值与地面加速度值进行比较，得到悬挑结构加速度相对于地面的放大系数。悬挑构件应力比控制在 0.8 以下。

3.5 如何计算超限建筑中的差异沉降?

答：某工程是这样计算的：差异沉降计算采用有限元软件 PLAXIS 3D，考虑地基土与结构的相互作用。几何模型的建立主要包括土层输入及地下室结构构件输入两部分，既能反映勘察报告中各地质钻孔特性，又可考虑到地下室结构刚度对地基沉降变形的影响。

3.6 如何对楼板进行应力分析？

答：某工程是这样计算的：为进一步评估楼板在传递水平力过程中所起的作用以及自身受力情况，基于 midas Gen 软件对结构中局部不连续层、转换桁架层与斜柱转换层的楼板进行了应力分析。首先，基于大震弹性反应谱曲线计算楼板内力；然后，选取大震作用组合的内力来验算楼板拉应力（各截面内力均取包络值）。楼板应力分析结果见表 3-1。

楼板应力分析结果 表 3-1

楼板	X 向轴向应力 f_x（N/mm²）	Y 向轴向应力 f_y（N/mm²）	混凝土强度等级	《高规》拉应力标准值 f_{tk}（N/mm²）	$f_x \leqslant f_{tk}$ 且 $f_y \leqslant f_{tk}$
不连续层楼板	2.10	1.39	C40	2.39	满足
转换桁架层楼板	1.84	0.77	C40	2.39	满足
斜柱转换层楼板	6.51	0.99	C50	2.64	不满足

分析结果表明，不连续层和转换桁架层楼板计算结果满足《高规》要求，而斜柱转换层楼板计算结果不满足《高规》要求，在施工图阶段需进行加强（加大板厚、提高配筋率、双层双向配筋等）。

3.7 超高超限工程地震影响系数（反应谱）如何选取？

答：超高超限结构周期通常邻近或超过 6s，目前《抗规》给出的地震影响系数曲线（反应谱）仅到 6s，对于大于 6s 的长周期结构如何评定是未来规范应当解决的问题。目前大多数工程做法：当结构基本周期大于 6s 时，将地震影响系数曲线第二下降段按照阻尼比 0.05 的原有斜率延长至 10s，应用于具体工程。这种做法也需要未来做专门研究。

3.8 超高超限工程最小剪力系数如何选取？

答：《抗规》中的最小剪力系数 λ 是由基本周期决定的，在超限高层中，剪力系数更值得关注：一方面，剪力系数 λ 应在各个主轴方向分别取值；另一方面，当安评起控制作用时，剪力系数 λ 应当依据安评给出的地震参数予以修正。

3.9 连体结构连廊支座如何选取？

答：某工程是这样选取的：在双塔连体结构中，根据连接体结构与塔楼的连接方式，可将连体结构分为弱连接和强连接两种。常用的弱连接有两种：①连接体一端与结构铰接，一端做成滑动支座；②两端均做成滑动支座。

本工程连接体底部标高为 93.4m，若一端或两端做成滑动支座，需要在支座处预留足够的滑移量（防震缝）以阻止罕遇地震作用下连接体部分的碰撞和脱落，这对建筑立面效果、幕墙设计和建筑使用功能均有很大的影响。经过方案比较，本工程连接体与塔楼的连接方式最终选择了强连接。本工程为不等高双塔非对称连接，属于特别不规则的复杂连体超高层结构。连接体除了承受连廊的重力荷载外，还需要考虑连接体本身由于双塔变形不协调而产生的扭转作用以及连桥竖向振动所产生的竖向地震作用。

3.10 连体层水平支撑如何设置？

答：某工程是这样设置的：为了保证连接体在大震下能够有效传递水平力，协调两塔楼的变形，连接体顶层、底层楼板厚度均为 200mm，中间层楼板厚度为 180mm。同时在连接体的各层布满交叉水平支撑来辅助楼板传递水平力，见图 3-1。为避免水平支撑失稳，在水平支撑的下翼缘布置附加水平支撑，见图 3-2。

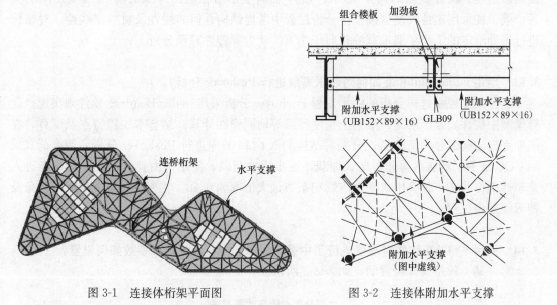

图 3-1 连接体桁架平面图　　　　　　图 3-2 连接体附加水平支撑

3.11 超限高层建筑中设置伸臂桁架有何作用？

答：设置的伸臂桁架（图 3-3）可以提高水平荷载作用下的外框架柱的轴力，从而增加外框架承担的倾覆力矩，同时减小内核心筒承担的倾覆力矩，它对结构形成的反弯作用可以有效地增大结构的抗侧刚度。

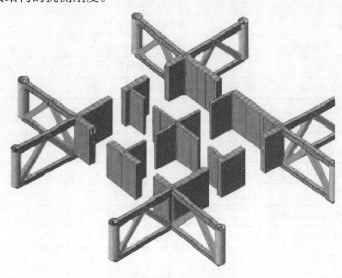

图 3-3 伸臂桁架示意图

3.12 运用 midas Building 如何对超限高层进行罕遇地震作用下的弹塑性分析?

答:某工程是这样分析的:弹塑性时程分析采用 midas Building 软件,动力弹塑性分析方法使用 Newmark-β 的直接积分法,各分析时间步骤中的构件内力可通过恢复力模型获得,每个分析步骤中都要更新构件的刚度。

在模型中墙单元采用纤维模型,纤维模型采用纤维束描述钢筋或混凝土材料,通过平截面假定建立构件截面的弯矩-曲率、轴力-轴向变形与相应的纤维束应力-应变之间的关系,梁、柱采用塑性铰模型模拟。分析过程中考虑结构几何非线性及材料非线性。对结构进行另外给定的 7 组罕遇地震波双向作用下的动力弹塑性时程分析。

3.13 运用 midas Building 如何对超限高层进行 Pushover 分析?

答:某工程是这样分析的:本工程 Pushover 分析采用 midas Building 软件来实现。计算模型中构件尺寸、层高、混凝土强度等级等均同弹性计算。结合本工程特点及试算,在施加完成结构的竖向荷载后,分别对结构的 X 向和 Y 向进行 Pushover 分析,侧推荷载采用 CQC 法的层地震剪力分布模式加载,逐步增加荷载,使结构由弹性工作状态逐步进入弹塑性工作状态。计算中水平地震影响系数最大值取为 0.50。主要查看最大层间位移角及塑形铰发展过程。

3.14 采用 SATWE 软件对塔楼进行了中震不屈服和中震弹性计算参数如何设置?

答:某工程是这样设置的,如表 3-2 所示。

计算参数取值与计算方法 表 3-2

计算参数	中震弹性	中震不屈服
地震影响系数 σ_{max}	0.18	0.18
地震组合内力调整系数	0.85	1.0
荷载作用分项系数	和小震分析相同	1.0
材料分项系数	和小震分析相同	1.0
抗震承载力调整系数	和小震分析相同	1.0
材料强度	和小震分析相同	采用标准值
活荷载最不利布置	不考虑	不考虑
风荷载计算	不计算	不计算
周期折减系数	1.0	1.0
构件内力调整	不调整	不调整
双向地震作用	考虑	考虑
偶然偏心	不考虑	不考虑
按中震(或大震)不屈服设计	否	是
框架梁刚度放大系数	1.0	1.0
连梁刚度折减系数	0.5	0.5
计算方法	弹性计算	弹性计算

3.15 楼盖舒适度分析如何分析?

答:某工程是这样分析的:塔楼楼盖为典型大跨度普通肋梁楼盖,框架梁沿径向最大跨度为15m,超过《高规》限值12m,且未设置内柱,框架梁及次梁单向布置,为控制净高,高度均为800mm;钢筋混凝土楼板厚度为120mm。楼盖最大振动是与结构自振频率有关的频繁的步行力引起的共振。为了研究本项目的楼板振动特性,采用midas Gen软件对塔楼楼盖建立有限元模型并进行分析。

楼板采用壳单元模拟,由四边形及三角形构成,按0.5m剖分,并考虑其周边构件的影响。连梁、框架梁采用梁单元模拟,并与楼板同时剖分;楼板同剪力墙连接处约束三向位移,释放转动约束。根据《高规》附录A,阻尼比取0.02。

基于步行频率分布在1.6~2.5Hz范围内,可以得到激励节点和响应节点的位置,步距为0.75m,楼板布置及步行荷载分布见图3-4(取单人行走,质量取70kg)。采用动力时程分析方法计算楼板振动峰值加速度,采用IABSE工程协会提供的参数,步行荷载频率为2.0Hz,激励曲线如图3-5所示。典型楼层前6阶竖向自振频率如表3-3所示。

由表3-3可知,楼板的最小自振频率为7.386Hz,满足《高规》大于3Hz的要求。步行荷载下楼板峰值加速度如图3-6所示。由图3-6可知,步行荷载下楼板峰值加速度满足《高规》对于竖向加速度不大于0.05m/s² 的要求。

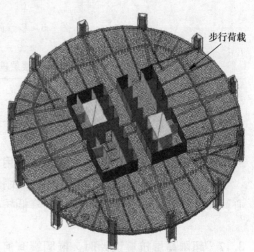

图3-4 楼板布置及步行荷载分布图

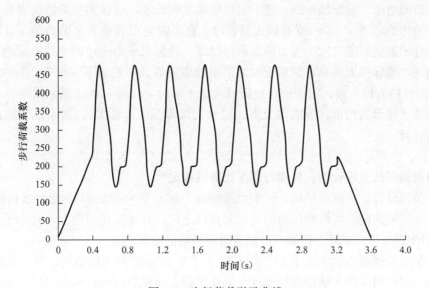

图3-5 步行荷载激励曲线

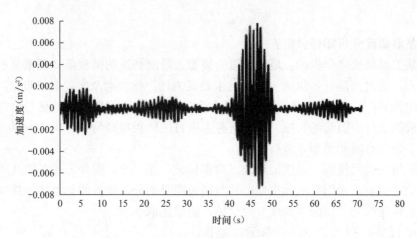

图 3-6 步行荷载下楼板峰值加速度

典型楼层前 6 阶竖向自振频率 表 3-3

振型	第 1 阶	第 2 阶	第 3 阶	第 4 阶	第 5 阶	第 6 阶
自振频率（Hz）	7.386	7.645	7.752	7.862	10.202	12.089

3.16 超限高层建筑中设置加强层的作用？

答：加强层不但可以增大结构抗侧刚度、控制结构位移，还可用于调节倾覆弯矩在核心筒和外框之间的分配比例，达到降低核心筒最大弯矩的目的。

3.17 超限高层抗震设计时，嵌固端有何要求？

答：地下室与±0.000 的刚度比≥2（上海地区为 1.5）；楼板厚度≥180mm；地下室刚度不计入离主楼较远的外墙刚度；±0.000 水平传力不连续时，嵌固端应伸至地下室，并对大开口周边梁、板配筋加强；地下室外墙离主楼较远，可在主楼周边设置剪力墙，直接将水平力传给底板；±0.000 有较大高差时，在高差处设置垂直向剪力墙，且采取存在高差处的柱子箍筋加密，水平传力梁加腋等措施，确保水平力传递嵌固端设在地面层；宜设刚性地坪，确保传力可靠；回填土对地下室约束系数，一般地下室填 3，几乎完全约束时填 5，刚性约束填负数；嵌固端在地面层或地下层时，仅表示嵌固端的水平位移受到约束，而转角不能设为约束；嵌固端及下一层的抗震等级同±0.000，其余地下室的抗震等级可设为 3 级。

3.18 超限高层抗震设计时，对楼层刚度比有何规定？

答：抗震设计，对框架结构、框架承担倾覆力矩大于 50% 的框架-剪力墙和板柱-剪力墙结构，楼层侧向刚度可取楼层剪力与层间位移之比，其楼层侧向刚度不宜小于相邻上部楼层侧向刚度的 70% 或其上相邻三层侧向刚度平均值的 80%。

对框架承担倾覆力矩不大于 50% 的框架-剪力墙和板柱-剪力墙结构，剪力墙、框架-核心筒结构、筒中筒结构，楼层侧向刚度可取楼层剪力与楼层层间位移角之比，其楼层侧向刚度不宜小于相邻上部楼层侧向刚度的 90%，楼层层高大于相邻上部楼层侧向刚度的 1.1

倍，底层侧向刚度不宜小于相邻上部楼层侧向刚度的 1.5 倍。

对转换层结构，宜采用剪切刚度比，控制转换层上下主体结构抗侧刚度不小于 70%，当转换层设置在 3 层及 3 层以上时，其楼层侧向刚度不小于相邻上部楼层的 60%；当底部大空间为 1、2 层时，可近似采用转换层上下结构等效剪切刚度 γ 表示转换层上下结构刚度的变化，γ 宜接近 1，非抗震设计时不应大于 3；（γ 为上部剪切刚度比与下部楼层剪切刚度之比）；当底部大空间大于 2 层，其转换层上下结构等效剪切刚度 γ_e（见《高规》附录）表示转换层上下结构刚度的变化，γ 不大于 1.3，非抗震设计时不应大于 2；上海工程应采用剪切刚度比。

3.19 超限高层抗震设计时，对地震波选取有何要求？

答：每条时程曲线计算的结构底部剪力不应小于振型分解反应谱法求得的 65%，一般也不应大于振型分解反应谱法求得的 135%，多条时程曲线计算的结构底部剪力平均值不应小于振型分解反应谱法求得的 80%。

时程曲线数量随工程高度及复杂性增加，重要工程不少于 5～7 组地震加速度时程曲线应通过傅立叶变换与反应谱进行比较，对超高层建筑，必要时考虑长周期地震波对超高层结构的影响；输入地震加速度时程曲线应满足地震动三要素要求，即有效加速度峰值、频谱特性和持时要求。每组波形有效持续时间一般不少于结构基本周期的 5～10 倍和 15s，时间间距取 0.01s 或 0.02s；输入地震加速度记录的地震影响系数与振型反应谱法采用的地震影响系数相比，在各周期点上相差不宜大于 20%。

对于有效持续时间，以波形在首次出现 0.1 倍峰值为起点，以最后出现 0.1 倍为终点，对应区间为有效持时范围。对超高层建筑，在波形的选择上，在符合有效加速度峰值、频谱特性和持时要求外，满足底部剪力及高阶振型的影响，如条件许可，地震波的选取，尚应考虑地震的震源机制。

对于双向地震输入的情况，上述统计特性仅要求水平主方向，在进行底部剪力比较时，单向地震动输入的时程分析结果与单向振型分解反应谱法分析结果进行对比，双向地震动输入的时程分析结果与双向振型分解反应谱法分析结果进行对比。采用的天然地震波宜采用同一波的 xyz 方向，各分量均应进行缩放，满足峰值及各自比例要求。

采用天然波进行水平地震动分析时，每组自然波应按照地震波的主方向分别作用在主轴 x 及 y 方向进行时程分析。

人工波无法区分双向，在采用其时程分析时可考虑两个方向作用不同的人工波。每组人工波应按照主要地震波分别作用在主轴 x 及 y 方向进行时程分析。

3.20 超限高层抗震设计时，对地震安评与反应谱有何规定？

答：是否安评按项目重要性及项目建设地要求执行。场地安全评估报告一般应满足《工程场地地震安全性评价》GB 17741—2005 要求：小震分析时，宜取按规范反应谱计算结果和安评报告计算结果的基底剪力较大值，不应部分采用规范参数，部分采用安评参数，计算结果同时必须满足规范最小剪力系数的要求。

中震、大震一般以规范为主，也可采用大于规范值的安评参数，此时不考虑最小剪力系数。小震计算结果取多条波的平均值，超限程度较大应取包络值，以发现需要加强的楼层范围和加强程度。如果拟建工程基础埋置很深，如经专家论证也可采用基底的反应谱曲线及地震波数据。

3.21 超限高层抗震设计时，对阻尼比选取有何规定？

答：抗震设计：钢结构：高度不大于 50m，取 0.04；高度大于 50m，且小于 200m 时，取 0.03；高度不小于 200m 时，宜取 0.02。混合结构：0.04。混凝土：0.05。罕遇地震弹塑性分析，阻尼比取 0.05。抗风设计：0.02～0.04（根据房屋高度及结构形式，以及风荷载回归期取值）。通常，风荷载作用下，结构承载力验算时阻尼比取 0.02～0.03，变形验算取 0.015～0.020，顶部加速度验算取 0.01～0.015。

3.22 超限高层抗震设计时，高度超限计算分析有何要求？

答：验算楼层剪力的最小剪重比，控制结构整体刚度。足够振型数量，满足振型参与的有效质量大于总质量的 90%；应验算高层建筑的稳定性（刚重比验算至多数人员到达的最大高度），并决定是否考虑 $p\text{-}\Delta$ 影响。

基础设计时应验算整体结构的抗倾覆稳定性；验算桩基在水平力最不利组合情况下桩身是否会出现拉力或者过大压力；应验算核心筒墙体在重力荷载代表值作用下的轴压比。应进行弹性时程分析法的补充计算，计算结果与反应谱结果进行对比，找出薄弱层。非荷载作用（温度、混凝土收缩徐变、基础沉降等）对结果受力影响进行分析；高度超 B 级较多应调整框架部分承担水平力至规范上限（取 $0.20V_0$、$1.5V_{max}$ 的较大值）；高度不超过 150m，可采用静力弹塑性方法，高度超过 200m，应采用弹塑性时程分析；高度 150～200m，根据结构的变形特征选择。高度超 300m 或新体系结构需要两个单位两套软件独立计算校核。

混合结构或对重力较为敏感的结构（转换、倾斜）等应进行施工过长模拟计算；验算结果顶部风荷载作用下的舒适度（验算至上人最高层）；必要时进行抗连续倒塌设计。根据建筑物的高度及复杂程度，应提高主要抗侧力构件的抗震性能指标（中震弹性、中震不屈服、或仅加强部位中震不屈服）；采用抗震性能更好的型钢混凝土（钢骨混凝土、钢管混凝土、钢筋芯柱、钢板剪力墙）结构。

控制核心筒截面的剪应力水平、轴压比，小墙肢的轴压比和独立墙肢的稳定性验算加大核心筒约束边缘构件的范围，如将核心筒约束边缘构件的范围延伸至轴压力 0.2 以下范围。采取保证核心筒延性的措施，控制核心筒底部的层间有害位移角，如抗震底层位移角不大于 1/2000 验算中震或大震下外围柱子的抗倾覆能力及受拉承载力；基础设计时考虑底层柱脚或剪力墙在水平荷载作用下是否出现受拉并采取合适构造措施；设置地震观测仪器或风速观测仪，必要时，整体结果模型实验及节点试验。

3.23 超限高层抗震设计时，平面不规则计算分析有何要求？

答：应考虑楼板平面内弹性变形；楼板缺失严重时，按单榀验算构件承载力，并宜尽量增加结构的刚度。楼板缺失应注意验算跨层柱的计算长度，长短柱并存时，外框的长柱可按短柱的剪力复核承载力；必要时，跨层短柱按大震安全复核承载力。仅局部少量楼板，宜并层计算大开洞，局部楼板宜按大震复核平面内承载力；应验算狭长楼板周边构件的承载力，并按照偏拉构件设计；如层间位移小于1/2500，对位移比适当放松，放松限值可较规范放松1/3。

如构件承载力满足中震弹性的要求，则底部的扭转位移比可适当放松至1.8；受力复杂部位的楼板应进行应力分析，楼板内应力分析一般可采用膜单元分析，并在板中部配置必要加强钢筋，当验算楼板受力复杂，楼板应采用壳元，与楼板平面外重力荷载产生的应力进行叠加；缺口部位加设拉梁（板），且这些梁（板）及周围的梁板的配筋进行加强；

对于平面中楼板间连接较弱的情况，连接部位楼板宜适当加厚，配筋加强，必要时设置钢板控制抗侧力墙体间楼板的长宽比；大开口周边的梁柱配筋应进行加强，特别是由于开口形成的狭长板带传递水平力时，周边梁的拉通钢筋、腰筋等应予加强。连廊等与主体连接采用隔震支座或设缝断开主楼与裙房在地面以上可设置防震缝分开。扭转位移超标时，超标部位附近的柱子及剪力墙的内力应乘以放大系数，配筋应进行加强；加强整体结构的抗扭刚度，加强外围构件的刚度，避免过大的转角窗和不必要的结构开洞。对于平面超长的结构，结构布置应考虑减少温度应力对结构的影响。

3.24　超限高层抗震设计时，当竖向不规则，对于加强层有何要求？

答：通过计算分析布置加强层，布置1个加强层可设置在0.6倍房屋高度附近；布置2个加强层时，可分别设置在顶层和0.5倍房屋高度附近；布置多个加强层时，宜沿竖向从顶层向下均匀布置，加强层也可同时设置周边水平环带构件。水平伸臂构件、周边环带构件可采用斜腹杆桁架、实体梁、箱形梁、空腹桁架等形式。加强层的刚度不宜过大，避免内力突变，其布置数量除考虑受力要求外，也应考虑对施工工期的影响。

带巨型柱的带加强层结构体系，周边水平环带构件对总体结构的刚度影响较小，可适当减小其周边水平环带构件的道数及刚度应进行重力荷载作用下符合实际情况的施工模拟分析，特别应考虑外伸桁架后期封闭对结构受力的影响。

抗震设计时，需进行弹性时程分析补充计算，必要时进行弹塑性时程分析的计算校核在结构内力和位移计算中，加强层楼板宜考虑楼板平面内变形影响，加强层上下刚度比按弹性楼盖假定进行整体计算；伸臂杆件的地震内力，应采用弹性膜楼盖假定计算，并考虑楼板可能开裂对面内刚度的影响。

伸臂桁架所在层及相邻层柱子、核心筒墙体、进行加强，加强层附近的核心筒墙肢应按底部加强部位要求设计，加强层及其相邻层的框架柱、核心筒剪力墙抗震等级应提高一级采用，一级应提高至特一级，但抗震等级已经为特一级时，允许不提高，加强层及其相邻层的框架柱，箍筋应全柱加密，轴压比限制应按其他楼层减小0.05采用；加强层及其相邻楼盖的刚度和配筋应加强伸臂桁架应伸入并贯通墙体，与外周墙相交处设构造钢柱，并上下延伸不少于一层；应采用合适的施工顺序及构造措施以减小结构竖向变形差异在伸臂桁架中产生的附加内力；整体小震计算时可考虑楼板对上下弦刚度的增大作用，但中震或大震承载力验算时则不宜考虑在进行外伸臂桁架上下弦杆设计时的有利楼板刚度。

3.25　超限高层抗震设计时，当竖向不规则，对于多塔结构有何要求？

答：各塔楼的层数、平面和刚度宜接近；塔楼对底盘宜对称布置、塔楼结构与底盘结构质心的距离不宜大于底盘相应边长的20%；应进行整体及单独模型进行计算，结构构件配筋可按照单个塔楼及多塔中不利的计算结果采用，当塔楼周边的裙房超过两跨时，分塔楼模型宜至少附带两跨的裙楼结构；整体分析时，大底盘的楼板在计算模型中应按弹性楼板处理，计算时整个计算体系的振型数不应小于18个，且不应小于塔楼数的9倍；大底盘多塔楼结构的周期比及位移比计算：对于上部无刚性连接的大底盘多塔楼结构，验算周期比时，宜将裙楼顶板上的各个单塔楼分别计算其固有振动特性，验算其周期比。对于大底盘部分，宜将底盘结构单独取出，嵌固位置保持在结构底部不变，上部塔楼的刚度忽略掉，只考虑其质量，质量附加在底盘顶板的相应位置，对这样一个模型进行固有振动特性分析，验算其周期比。其位移比均应采用整体模型计算并按照底盘、上部塔楼和连接部分，逐层加以验算。

底盘屋面板厚度不宜小于180mm，并应加强配筋（增加10％以上），并采用双层双向配筋。底盘屋面下一层结构楼板也应加强构造措施（配筋增加10％以上，厚度按常规设计）多塔楼之间裙房连接体的屋面梁以及塔楼中与裙房连接体相连的外围柱、剪力墙，从地下室顶板起至裙房屋面上一层的高度范围内，柱的纵向钢筋的最小配筋率宜提高10％以上，柱箍筋宜在裙房楼屋面上、下层的范围内全高加密。裙房中的剪力墙宜设置约束边缘构件。

3.26 超限高层抗震设计时，当竖向不规则，对于连体结构有何要求？

答：宜采用至少两个不同力学模型的三维空间分析软件进行整体内力位移计算连接部分楼板采用弹性楼板假定；还应特别分析连接体部分楼板和梁的应力和变形，在小震作用计算时应控制连接体部分的梁、板拉应力不超过混凝土轴心抗拉强度标准值。还应检查连接体以下各塔楼的局部变形及对结构抗震性能的影响。

抗震计算应考虑平扭耦联计算结构的扭转效应，振型数不小于15个，且要考虑偶然偏心的影响；连体结构由于连体结构刚度较大，相对于下部两个塔楼的刚度比可能较大，如下部楼层经验算为薄弱层，地震剪力应乘以1.15的增大系数；应采用弹性时程分析法进行补充计算；连体结构两塔楼间距一般较近，应考虑建筑物风荷载相互间影响的相互干扰增大系数，如有条件，宜通过风洞实验确定体型系数以及干扰作用等。

对8度设防地区的连体结构，应考虑竖向地震作用；连体和连廊本身，应注意竖向地震的放大效应，跨度较大应参照竖向时程分析法确定跨中的竖向地震作用。连体结构的振动明显，应进行风振舒适度以及大跨度连体结构楼板舒适度验算；连体结构应进行施工模拟分析，考察荷载施加顺序对结构内力和变形的影响；7度、8度抗震设计，层数和刚度相差悬殊的建筑不宜采用强连接的连体结构；连体结构应优先采用钢结构，尽量减轻结构自重；当连接体包含多个楼层时，最下面一层宜采用桁架结构。

连体结构的连接体宜按中震弹性进行设计，对钢筋混凝土结构，连接体以及与连接体相邻的结构构件抗震等级应提高一级采用，一级提高至特一级（特一级则不再提高）；连接体两端与主体结构刚接时，连接体结构延伸至主体结构内筒并与内筒可靠连接或在主体结构沿连接体方向设型钢混凝土梁与主体结构可靠锚固；连接体的楼板宜采用钢筋混凝土平板并与主体结构可靠连接且受力较大的楼板宜在平面内设置支撑，以保障传力可靠。

连接体两端与主体结构的连接也可采用隔震支座，必要时也可设置阻尼器，应保证连接体与主体结构的间隔，并满足大震下位移的要求，并应注意支座应能抵抗连续体在大震下可能出现的拉力。连体和连廊注意竖向地震的放大效应，确保使用刚性连接时，应注意复核两个水平（高烈度含竖向共三个）方向的中震作用下被连接结构远端的扭转效应，提高承载力和变形能力。支座部位构件的承载力复核，水平向应延伸一跨，竖向宜向下延伸不少于2层。滑动连接时，除了按三向大震留有足够的滑移量外，支座也需适当加强。

3.27 超限高层抗震设计时，当竖向不规则，对于转换层结构有何要求？

答：控制上下层刚度比，并采用合适的刚度比计算方法（剪切刚度比）。控制转换层上下主体结构抗侧刚度不小于70%，当转换层设置在3层及3层以上时，其楼层侧向刚度不小于相邻上部楼层的60%；最新《高规》对刚度比的计算方式有很大改变，上海工程应采用剪切刚度比；不宜出现层刚度和层抗剪承载力均不满足规范的楼层；转换构件必须在模型中定义；整体使用两个以上不同力学模型的软件计算，应采用弹性时程分析计算，必要时采用弹塑性时程分析校核。可采用有限元方法对转换结构进行局部分析校核，转换结构以上至少取两层结构进入局部模型，并注意模型边界条件符合实际工作状态。

高位转换时应对整体结构进行重力荷载作用下施工模拟计算，并应按照转换构件受荷面积验算其承载力；8度抗震设防时，转换机构应考虑其上竖向荷载代表值的10%作为附加竖向地震力，此附加竖向地震力应考虑上下两个方向；抗震设计时，转换层的地震剪力应乘以1.15的增大系数；转换构件内力放大系数，特一、一、二、三级转换构件的水平地震作用应分别乘以增大系数1.90、1.60、1.35、1.25；8度抗震设计时，转换构件应考虑竖向地震的影响；转换构件及框支柱在地震作用下内力应进行调整。

当转换结构采用斜腹杆桁架时，上下弦杆轴向刚度、弯曲刚度不宜计入相连楼板作用，按偏心受压或偏心受拉构件设计；核心筒转换时，应对转换部位进行详细有限元分析，必要时分析模型应包括楼板及楼面梁、剪力墙。采用斜柱时，应注意楼面结构可能产生拉力或压力，并采取必要的措施；框架采用主次结构时，带状桁架设计时，应考虑次结构破坏或某一带状桁架破坏结构继续承载的可能；底部带转换层的结构布置应符合以下要求：落地剪力墙和筒体的洞口布置宜布置在墙体中部，框支剪力墙转换梁上一层墙体内不宜设置门洞，不在柱上方设置门洞；落地剪力墙间距以及落地剪力墙与相邻框支柱的距离宜符合规范要求；

转换层楼板厚度不宜小于180mm，应双向双层配筋，落地剪力墙和筒体周围楼板不宜开洞，相邻转换层上部1~2层楼板厚度不宜小于120mm，且需在楼板边缘、孔道边缘结合边梁予以加强；框支层的位置，7度不应大于7层，8度不应大于5层，即比《高规》增加不多于2层。框支柱的地震剪力至少按小震30%总剪力控制，并进行中震承载力验算，框支梁应保证大震安全。为使框支层的框架剪力按总剪力30%调整后仍满足二道防线的要求，框架按计算分配的剪力，不宜大于楼层剪力的20%；尽可能减少次梁转换和"秃头"框支柱，或严格控制所占的比例，并采取针对性的加强措施。

3.28 超限高层抗震设计时，当竖向不规则，对于错层结构有何要求？

答：当错层高度不大于框架梁截面高度，可忽略错层影响，楼层标高取两部分楼面标高平均值。当错层高度大于框架梁高，作为独立楼层参加整体计算；框架错层，可利用修改梁节点标高方式输入；多塔错层，可在多塔修改模型中修改各塔层高，错层层刚度比仅供参考。

在设防烈度地震作用下，错层处框架柱的截面承载力宜符合性能水准 2 的要求。至少采用每个局部分块刚性的楼盖假定进行整体计算，对于楼层位移和层间位移的扭转位移比，需要每个局部楼盖四个角点的对应数据根据手算复核；错层部位的内力，应注意沿楼盖错层方向和垂直于错层方向的差异，按不利情况设计，并进行中震性能设计。

抗震设计时，错层处框架柱的截面高度不应小于 600mm；混凝土强度等级不应低于 C30；箍筋应全柱加密；抗震等级应提高一级采用，一级应提高至特一级，但抗震等级已经提高为特一级时，允许不再提高。有错层楼板的墙体不宜为单肢墙体，也不应设计为短肢墙体，错层墙厚不应小于 250mm，并应设置与之垂直的墙肢或扶壁柱；抗震等级应提高一级采用，混凝土强度等级不应低于 C30，水平和竖向分布钢筋的配筋率，非抗震设计时不应小于 0.3%，抗震设计时不应小于 0.5%。错层部位的内力，应注意沿楼盖错层方向和垂直于错层方向的差异，按不利情况设计，并进行中震的性能设计。

4 midas Gen 建模与计算分析常见问题解答

• 建 模

4.1 PKPM 模型如何正确导入到 midas Gen（完整建模过程）？

答：（1）PMSAP（SpasCAD)→空间结构建模及分析（图 4-1）

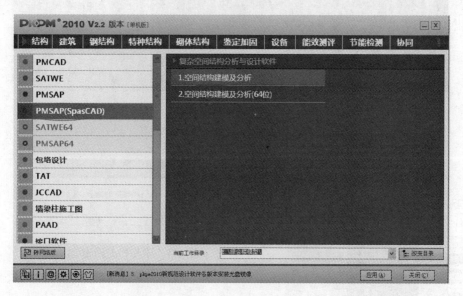

图 4-1 打开 PMSAP

（2）输入工程名称（图 4-2）

（3）导入 PM 平面模型（图 4-3~图 4-5）。

（4）结构计算→PMSAP 数据（图 4-6）。

（5）在网上下载 midas Gen 转换程序 "PKPM 新规范版本 to midas 的转换程序" 进行转换（图 4-7）。

打开转换程序，找到 PKPM 模型文件夹，点击确定，进行转换；当提示 "转换成功" 后退出。

（6）打开 midas Gen，点击：文件→新项目；点击文件→导入→midas Gen mgt 文件（图 4-8、图 4-9）。

（7）定义层数据、刚性楼板假定及指定底面标高

在 midas Gen 中点击：结构→控制数据→定义层数据（图 4-10、图 4-11）。

图 4-2　输入工程名称

注：此处仅能输入"test"，不区分大小写。

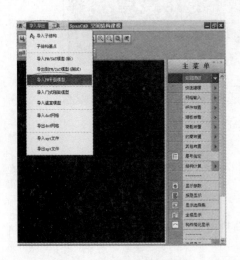

图 4-3　导入 PM 平面模型

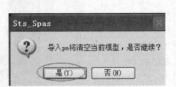

图 4-4　导入 PM 平面模型（1）

注：选择"是"。

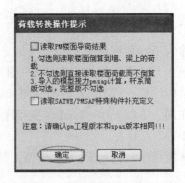

图 4-5　荷载转换提示操作

注：1. 若钩选"读取 PM 楼面导荷结果"，则将会把楼面荷载转换为梁单元或墙单元荷载。一般不建议钩选，可对楼面荷载进行修改，一级对楼板进行详细分析等；

2. 若不钩选，则直接导入楼面荷载，midas Gen 为压力荷载。

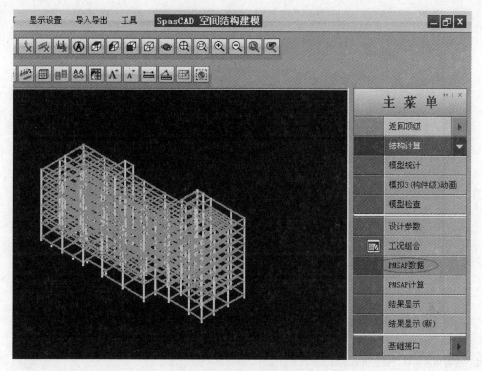

图 4-6　生成 PMSAP 数据

注：此处仅需要生成 PMSAP 数据，不需要进行 PMSAP 计算。

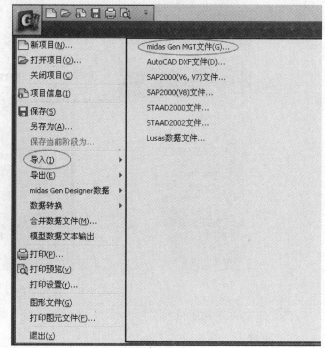

图 4-7　转换程序界面　　　　　　　　　　　图 4-8　导入对话框

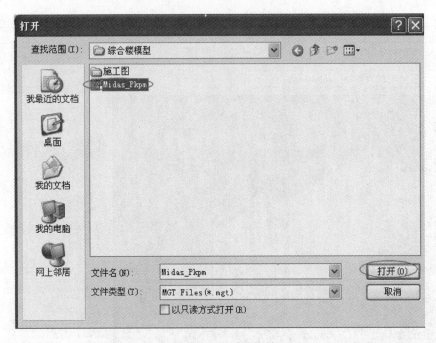

图 4-9 打开文件对话框

注：查看信息窗口，根据错错误提示修改 mgt 文件，直至导入成功为止。

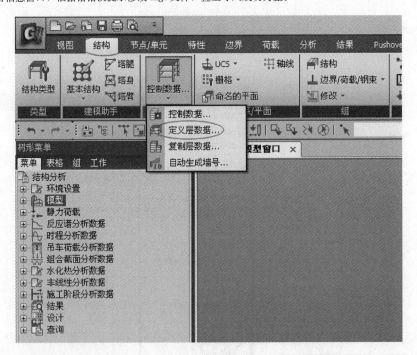

图 4-10 定义层数据

（8）定义自重和质量

1）质量

定义质量时，应进行以下两步操作：

点击：结构→结构类型，如图 4-12 所示。

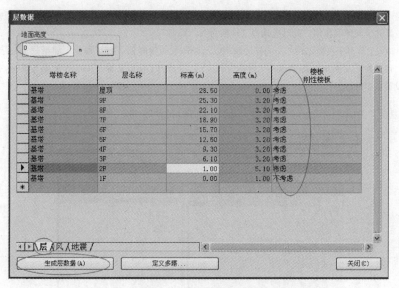

图 4-11 定义层数据（1）

注：1. 选择"层"后，点击"生成层数据"，才会自动生成图 4-11 中的层数据；

2. 参考 PKPM 中的定义，指定地面标高，选择是否考虑刚性楼板假定，生成层数据。

3. 在图 4-11 中点击"定义多塔"，在弹出的对话框中选择不同的塔楼对应的楼层，点击"添加"，即可完成多塔的定义。

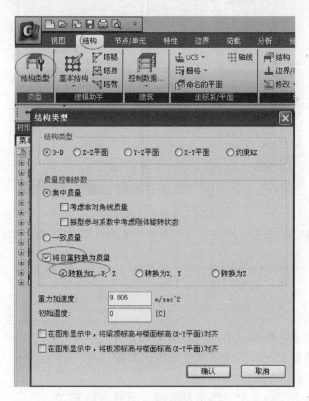

图 4-12 结构类型对话框

注：1. 一般三维建模，结构类型可选择"3-D"，当非三维建模时，应根据实际工程填写结构的类型。

2. 在 midas Gen 中，将模型的单元质量自动转换为集中质量，用于特征值分析、反应谱分析以及时程分析。对于大多数结构，水平方向的地震作用效应一般大于竖向地震作用效应，计算时可不考虑竖向地震作用，可选择"转换为

X、Y"。《高规》4.3.2：高层建筑中的大跨度、长悬臂结构，7度（0.15g）、8度抗震设计时应计入竖向地震作用。9度抗震设计时应计算竖向地震作用。此时应选择"转换为X、Y、Z"。

3.《高规》3.7.7节对于楼盖结构的竖向振动频率以及竖向加速度峰值进行了规定。如果只关心结构竖向振动频率，可以选择"转换为Z"；此时，如果选择"转换为X、Y、Z"，为了保证Z轴方向的振型参与质量，在进行特征值分析时，需要设置更多的振型。

点击：模型（树形菜单）→质量→将荷载转换成质量（图4-13）。

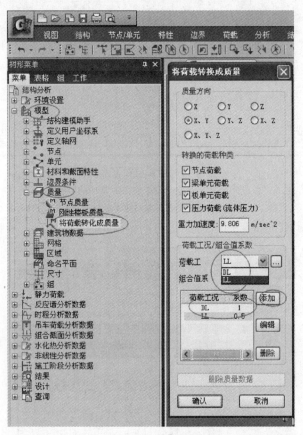

图4-13　将荷载转换成质量

注：1. 在图4-13荷载工况一栏中，分别选择：DL及LL荷载工况，组合值系数分别为1与0.5，点击"添加"即可。

2. 程序默认的重力加速度是物理重力加速度9.806，如需要按工程加速度10进行计算，用户可以对程序设置的重力加速度默认值进行修改。

2）自重

点击：荷载→自重，弹出对话框，如图4-14所示。

（9）定义静力荷载工况、风荷载以及反应谱荷载

1）定义静力荷载工况

点击：荷载→静力荷载工况，弹出对话框，如图4-15所示。

导入PKPM模型时，原模型中竖向荷载包括恒载和活载都可以直接导入，程序会自动生成恒载和活载两个工况。横向荷载（包括风荷载和地震作用）需要重新定义。由于定义反应谱荷载工况时，会自动生成荷载工况，因此仅需要定义风荷载工况。

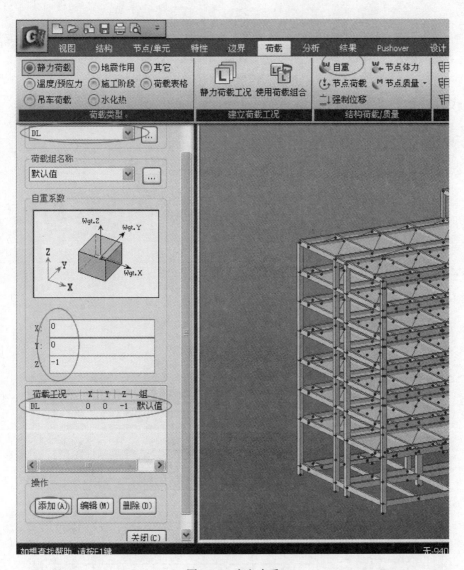

图 4-14 定义自重

注：1. 选择"自重"，"荷载工况名称"选择"DL"，X、Y、Z栏中分别输入：0、0、-1，点击"添加"即可。

2. 荷载转换为质量时，仅支持几种荷载类型：节点荷载、梁单元荷载、板单元荷载和压力荷载（流体压力）。因而即便已经将自重定义在恒载工况中，同时定义了将恒载转换为质量，自重也不会进行转换。

在图 4-15 中定义风荷载工况，名称分别输入：wx、wy，类型选择"风荷载 w"，点击"添加"，分别定义"x 向风荷载工况"及"y 向风荷载工况"，如图 4-16 所示。

2）定义风荷载

点击：荷载→静力荷载→风荷载，弹出对话框，如图 4-17、图 4-18 所示。

在图 4-18 中点击"添加"，弹出风荷载定义对话框，如图 4-19 所示。

3）定义地震作用

A. 定义反应谱函数

点击：荷载→地震作用→反应谱函数，如图 4-20、图 4-21 所示。

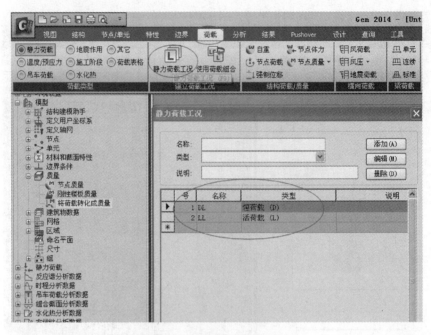

图 4-15　定义静力荷载工况

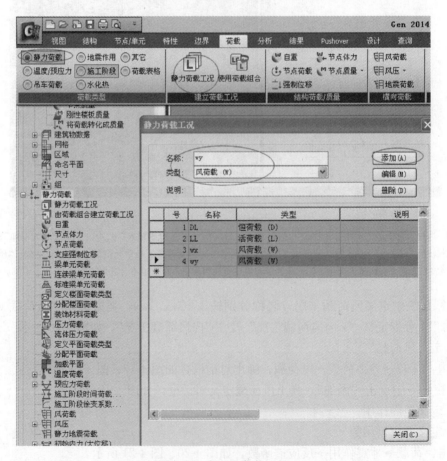

图 4-16　定义风荷载工况

图 4-17 "荷载"菜单

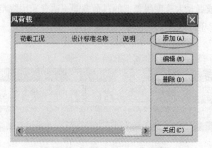

图 4-18 "风荷载"菜单

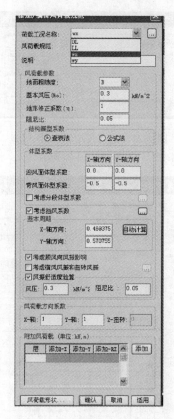

图 4-19 定义风荷载

注：1. 在"荷载工况名称"中选择"wx"，按照实际情况填写参数后，点击"适用"，即完成了"wx"风荷载定义，然后在"荷载工况名称"中选择"wy"，按照实际情况填写参数后，点击"适用"，即完成了"wy"风荷载定义。

2. 基本周期可以点击"自动计算"。Gen 中通过风荷载方向系数来定义风荷载的方向。如果要定义 X 轴方向的风荷载，则在 X 轴方向系数输入 1，Y 轴方向系数输入 0；如果风荷载作用方向与 X 轴成 30°夹角，坐标为（cos30，sin30），即（0.866，0.5），在程序中，X 轴方向系数输入 0.866，Y 轴方向系数输入 0.5；如果风荷载作用方向与 X 方向成120°夹角，坐标点为（-0.5，0.866），则 X 轴方向系数输入为-0.5，Y 轴方向系数输入 0.866。

3. 如果不考虑刚性楼板假定，现在的 midas Gen 也能计算风荷载，但应点击：结构→控制数据→建筑主控数据，在弹出的对话框中钩选"对弹性板考虑风荷载和静力地震作用"；如果不考虑刚性楼板，程序计算好风荷载后，会均匀分配到该楼层内所有竖向构件的节点上。

4. 如果已经进行了风洞实验，可以通过附加风荷载进行施加，此时，应将基本风压输入 0，以保证按照规范方法计算所得风荷载数值为 0，然后在图 4-19 中点击"风荷载形状"，可以定义风荷载形状；点击"添加"，可以逐层输入附加风荷载；

5. 对于体型比较复杂的结构，或者是大跨度屋盖上的风荷载等不适合采用规范方法进行计算的情况，可以通过建立屋面并施加压力荷载，直接通过梁单元或节点荷载等形式施加。

图 4-20　定义反应谱函数

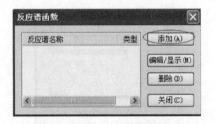

图 4-21　定义反应谱函数（1）

注：点击"添加"，弹出"地震影响系数"对话框，如图 4-22 所示。

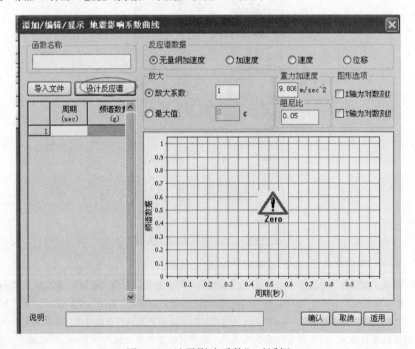

图 4-22　地震影响系数"对话框

注：1. 在图 4-22 中点击"设计反应谱"，弹出"生成设计反应谱"对话框，如图 4-23 所示。

2. 图 4-22 中的放大系数可以对地震作用进行放大，

3. SRSS 即 square root of the sum of the squares（振型组合方法）简称"平方和开平方"，该方法建立在随机独立事件的概率统计方法之上，也就是说要求参与数据处理的各个事件之间是完全相互独立的，不存在耦合关联关系。CQC-complete quaddratic combination，即完全二次项组合方法，其不光考虑到各个主振型的平方项，而且还考虑到耦合项，对于比较复杂的结构比如考虑平扭耦连的结构使用完全二次项组合的结果比较精确。

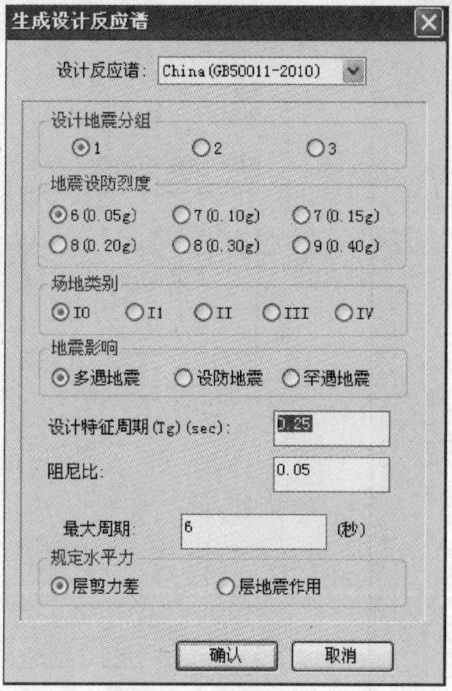

图 4-23 设计反应谱

注：按实际情况填写以上参数即可。

反应谱荷载工况中设定的阻尼比与定义反应谱函数中设定的阻尼比作用相同，即只有当模态组合方法选择 CQC 时，才影响各振型的偶联系数，从而影响地震作用。若模态组合方法选择 SRSS 时，对地震作用及最终的变形结果均无影响。二者的优先级，前者高于后者，即如果在荷载工况中定义了阻尼比，则按此处定义的阻尼比进行计算，反应谱函数中设定的阻尼比不起作用。

B. 定义反应谱荷载工况

点击：荷载→地震作用→定义反应谱荷载工况，如图 4-24 所示。

（10）定义边界条件

点击：边界→一般支承，如图 4-25 所示。

（11）是否考虑 P-Delt 效应

点击：分析→P-Delt，弹出"P-Delt"分析控制对话框，如图 4-26、图 4-27 所示。

（12）PKPM 中剪力墙开洞的处理方法

对于采用开洞方式建立的剪力墙，如果直接导入，程序会忽略原模型中的洞口，对于该种情况，可以通过如下两种方法处理：

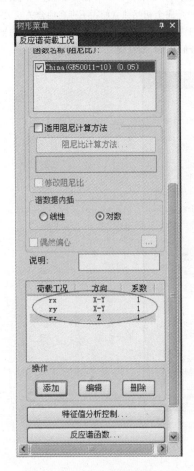

图 4-24 定义反应谱荷载工况

注：1. 选择"反应谱函数"，在"荷载工况名称"中分别输入"rx、ry、rz"，方向分别选择"X-Y"、"X-Y"、"Z"，系数分别填写"1、1、1"，点击添加，其他参数按实际情况，点击"添加"，即可完成"反应谱荷载工况"的定义。

2. midas Gen 中提供了"线性"和"对数"两种内插方法，对于大部分结果，其基本周期位于地震影响系数曲线的下降段（$T_g \sim 5T_g$），该段函数为指数函数形式，将其取对数后进行插值的结果，一般比线性插值的结果更加接近真实。

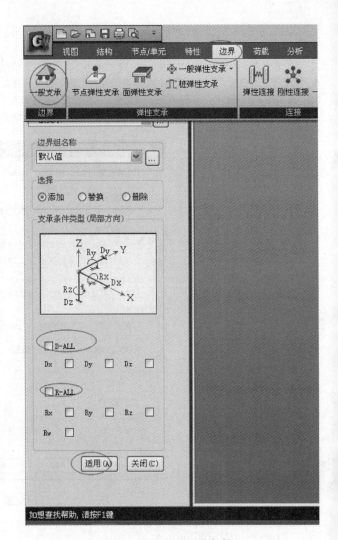

图 4-25 定义边界条件

注：1. 有地下室时，需要定义定义地下室顶板的约束条件，一般约束地下室顶板端部节点的水平向自由度，即只钩选图 4-25 中的 Dx 和 Dy。

2. 如果仅地下室底层底板嵌固，其他部分无约束，则可以选择地下室底层底部所有节点，约束所有自由度，即钩选图 4-25 中的 D-ALL 和 R-ALL。

3. 如果要比较真实的考虑土对结构的约束作用，可以通过弹性连接或节点弹性支承来进行模拟；首先选择与土接触的所有节点，点击：边界→节点弹性支承，弹簧刚度的取值与土的基床系数以及每个弹簧所负担的面积有关。

1）PK 中用梁单位建立连梁；

2）先将 PKPM 模型转化为 Building 模型，分析后导出 midas Gen 的 *. mgt 文件，通过该种方法可将原模型中洞口上的墙梁转换成梁单位。

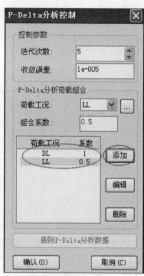

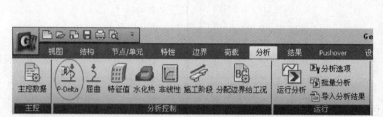

图 4-26   "分析"菜单

图 4-27   "P-Delte 分析
控制"对话框

（13）修改刚度

4.2   如何将 CAD 模型导入到 midas Gen?

答：点击：文件→导入→AutoCAD DXF 文件（D），如图 4-28、图 4-29 所示。

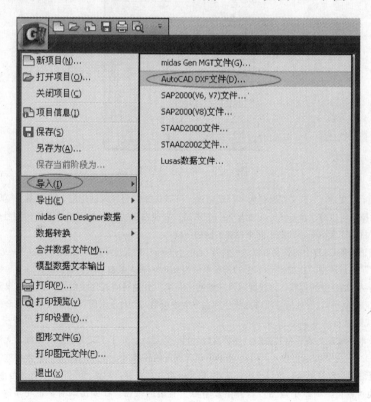

图 4-28   "导入"对话框

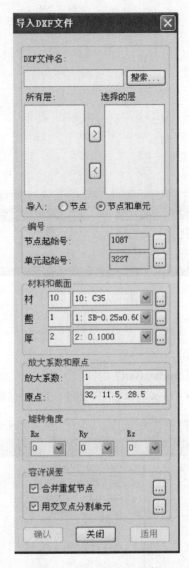

图 4-29　导入 CAD 文件

注：1. 导入前，需要将 CAD 文件保存为 *.dxf 格式。可以选择需要导入的图层，对于不需要导入的图层，可以在导入时直接过滤掉。可以分多次导入，每次导入一个图层，方便布置构件（截面尺寸及材料属性等），雨伞在 CAD 建模时，可以根据材料或者截面特性的不同来设置不同的图层；

2. 导入之前应该保证 CAD 中的长度单位（一般为 mm）与 Gen 中的长度单位一致，当单位不一致时，可以在图 4-29 中通过"放大系数"进行调整，比如当 Gen 中的长度单位为 m 时，放大系数可填写为 0.001。

3. 程序可以导入 CAD 中的直线，多段线以及三维网格曲线，分别对应程序中的梁单位和板单元。对于闭合的多段线（线段数 $n=3$ 或 $n=4$），导入后会将多段线作为边界生成板单元。对于未闭合的多段线或闭合的多段线（线段数 $n>4$），仍然会生成梁单元。

4. 程序无法读取曲线段，需要将其打断，连为直线后再进行导入。对于定义为块的线或面，无法直接导入，需要进行打断，在 CAD 中反复炸开后再导入；CAD 模型中包含重复的线条时，导入的模型中也会有重复的单元，导入后可以利用 F12 快捷键删除重复单位；可以点击：节点/单元→合并，在弹出对话框中填写"合并范围"，点击"适用"，如图 4-30 所示。也可以在图 4-29 中点击"合并重复节点"右边的按钮，在弹出的对话框中填写"容许误差"，如图 4-31 所示。

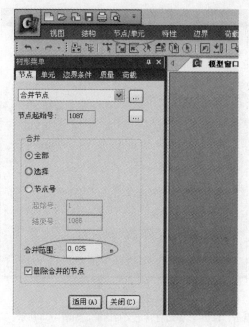

图 4-30 合并节点

图 4-31 合并节点的误差范围

注：1. 容许误差的默认值为 1mm 或者 0.001m，由于节点间距超过该值，导入时并不会将其合并，因此输入值应大于等于要合并的节点间距。

2. 当模型中有自由节点时，节点删除一般有两种方法，第一种是选择相应的节点后，直接按 Delete 键删除节点，此时程序不区分该节点为自由节点还是其他节点，删除该节点的同时，该节点所连接的单元，荷载及边界条件都将被删除；第二种方法是利用节点删除命令，选择相应的节点后，点击：节点/单元→节点删除，在弹出的对话框中钩选"只适用于自由节点"，程序仅对自由节点进行删除。

4.3 如何利用框架结构助手对框架-剪力墙结构进行建模（完整建模过程）？

答：（1）打开 midas Gen 主程序，点击：文件→新项目；并在屏幕右下方将单位修改为 kN，m，如图 4-32 所示。

（2）定义材料

点击：特性→材料特性值，弹出材料定义对话框，如图 4-33、图 4-34 所示。

图 4-32 修改单位   图 4-33 "特性"菜单

图 4-34　材料和截面

注：1. 选择"材料"栏，点击"添加"，弹出材料定义对话框，如图 4-35 所示。

图 4-35　材料数据对话框

注：1."材料号"一般可从"1"开始填写，"名称"一般以实际工程中的强度填写；"混凝土-规范"一般选择：GB10（RC），然后在"数据库"选择要用的混凝土强度等级，其他参数一般可按默认值；

2. 该对话框除了能定义混凝土外，还能定义"钢材"与"组合材料"；

3. 当规范选择"无"时，可以自己填写材料的参数。

（3）定义截面

在图 4-34 中选择"截面"栏，点击"添加"，弹出对话框，如图 4-36 所示。

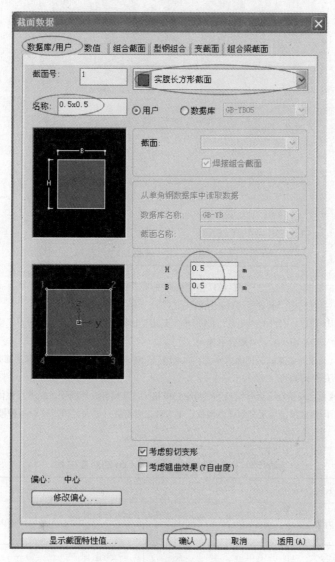

图 4-36 "截面数据"对话框

注：1. 对于常规工程，一般点击"数据库/用户栏"，截面号可以从 1 开始定义，名称一般按照实际尺寸填写；对于混凝土结构，应根据实际截面类型选择，一般可选择"实腹长方形截面"；选择"用户"，然后填写实际截面的高（H）与宽（B）。

2. 其他参数一般可按默认值。

（4）在图 4-34 中选择"厚度"栏，点击"添加"，弹出对话框，如图 4-37 所示。

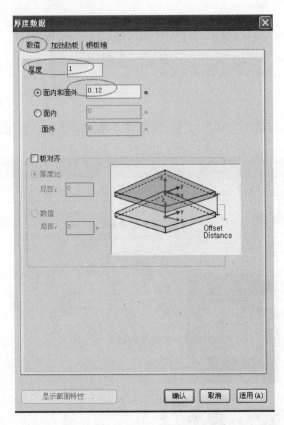

图 4-37　"厚度数据"对话框

注：1. 一般选择"数值"栏，其他栏可以不用填写。

2. "面内厚度"用于计算平面内的刚度，"面外厚度"是用于计算平面外的刚度。一般对于实心板单元，其面内和面外厚度取相同值，对于空心板单元则需要分别输入。

3. 程序计算板单元自重时，默认采用面内厚度。如果用户只输入了面外厚度，程序取用面外厚度进行计算。"厚度"后面的数值是：板厚度的编号。

4. 如果建模时，楼板已经被定义为弹性板，则与刚性板相比，其具有面外刚度。在进行整体分析时，程序会考虑弹性楼板的面外刚度；即使楼板已经定义为弹性楼板，也应对梁刚度进行放大，PKPM 中各种楼板与 Gen 的对应关系如表 4-1 所示。

PKPM 中的各种楼板类型与 Gen 的对应关系　　　　　　　　　　　　　表 4-1

PKPM			Gen			
类型	面内刚度	面外刚度	板单元建立与否	刚性楼板假定考虑与否	板厚（面内）	板厚（面外）
刚性板	无限大	0	否	考虑	—	—
弹性板 6	真实	真实	是	不考虑	实际厚度	实际厚度
弹性板 3	无限大	真实	是	考虑	实际厚度	实际厚度
弹性膜	真实	0	是	不考虑	实际厚度	0

5. 虚面是指进行结构分析时对结构的刚度和重量没有影响的面，一般厚度可以定义为 1mm，但由于材料特性值设置过小，刚度过小，可能导致分析时出现奇异。

（5）采用"结构建模助手"建立框架梁

点击：结构→基本结构→框架，弹出"框架建模助手"对话框，如图 4-38、图 4-39 所示。

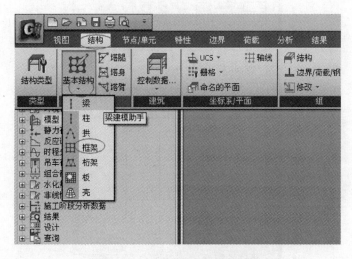

图 4-38　结构/基本结构/框架

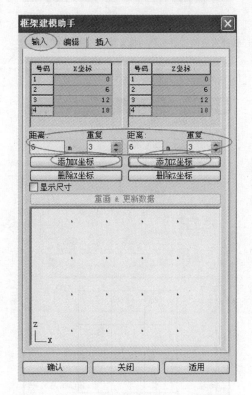

图 4-39　"框架建模助手"对话框

注：1. 选择"输入"栏，按照实际工程分别填写"距离"与"重复"（次数），再分别点击"添加 x 坐标"与"添加 z 坐标"；

2. 在图 4-39 中点击"编辑"，对话框如图 4-40 所示。

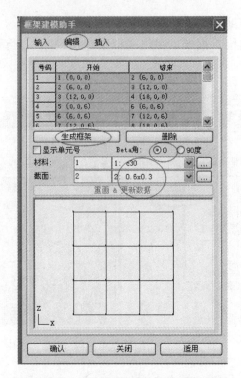

图 4-40　"框架建模助手"对话框（1）

注：1. 应点击"生成框架"；选择对应的"材料"与框架梁"截面尺寸"；

2. Beta 角按默认值，0 度；

3. 在图 4-40 中点击"插入"，对话框如图 4-41 所示。

图 4-41　"框架建模助手"对话框（2）

注：1．"插入点"坐标可按默认值；

2．利用框架结构助手进行建模时，程序默认将框架结构布置在整体坐标系 X-Z 平面内。由于框架平面应位于 X-Y 平面内，因将模型绕 X 轴旋转 90 度，将其旋转到"X-Y"平面内，Alpha 输入 90 度；

3．控制单元截面布置方向的参数为单元的 Beta 角，模型绕 X 轴旋转后，其 Beta 角也相应旋转导致模型截面布置方向错误。在屏幕的左上方点击"窗口选择"的快捷键，框选所有的单元，在屏幕的左上方点击：节点/单元→修改参数→选择"单元坐标轴方向"，Beta 角修改为 0 度后，点击"适用"按钮，如图 4-42 所示。

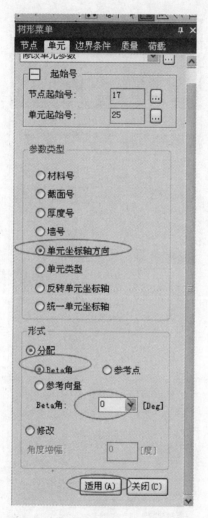

图 4-42　修改单元 Beta 角

注：1．选择要删除的梁单元，按 Delete 键或点击：节点/单元→删除单元，在弹出的对话框中点击"适用"，即可删除梁单元。

2．删除梁单元后，选择梁单元两端的任一节点，点击：节点/单元→扩展，弹出对话框，需要注意的是，"扩展类型"选择"节点-线单元"；"单元类型"选择"梁单元"；按工程实际情况选择材料与截面；"生成形式"选择"复制和移动"；"复制和移动"方式选择"等间距"；"dx、dy"根据实际梁位置坐标填写，坐标轴 dx 的绝对值或坐标轴 dy 的绝对值为梁的长度，dz 一般填写 0，点击"适用"，即可完成梁的布置。

3．虚梁是指进行结构分析时对结构的刚度和重量没有影响的梁，一般截面尺寸可以定义为 100mm×100mm，但由于材料特性值设置过小，刚度过小，可能导致分析时出现奇异。

4．有时候，梁端部需要定义为"铰接"，可以先选择该梁，点击：边界→释放梁端约束，在弹出对话框中，选择

"铰-铰"或"铰-刚接"或"刚接-铰"。如果考虑半刚接，则可以在 My 和 Mz 特性后面填写一个小数值，比如 0.3，则构件抗弯刚度的 30% 有效。

（6）建立框架柱

在屏幕的左上方点击"全选"的快捷键，将所有的单元选中，点击：节点/单元→扩展，弹出对话框，如图 4-43 所示。

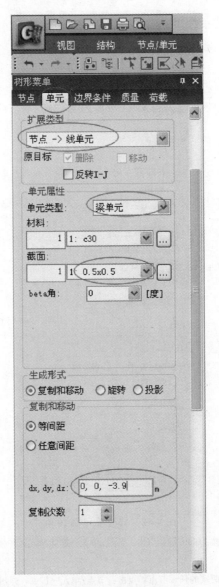

图 4-43　框架柱的输入

注：1. "扩展类型"选择"节点-线单元"；"单元类型"选择"梁单元"；按工程实际情况选择材料与截面；"生成形式"选择"复制和移动"；"复制和移动"方式选择"等间距"；"dx、dy、dz"值按实际情况填写，z 表示柱子从坐标0，0，0 向下移动距离，如果底层柱高 3.9m，则 z 可以填写−3.9；"复制次数"可填写 0；填写 Beta 角，即可旋转柱子的角度。

2. 点击"适用"，即可生成该层的框架柱，如图 4-44 所示。

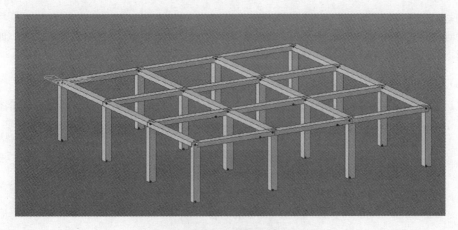

图 4-44　框架模型

（7）定义楼板

在屏幕的左上方点击"全选"的快捷键 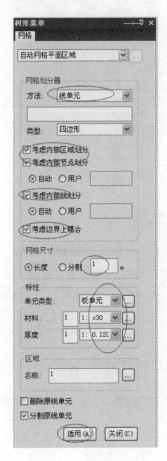，将所有的单元选中，点击：节点/单元→自动网格，弹出对话框，如图 4-45 所示。

图 4-45　网格菜单

注：1. "方法"选择"线单元"；钩选"考虑内部区域划分"、"考虑内部节点划分"、"考虑内部线划分"、"考虑边界上耦合"及"考虑原线单元"，需要注意的是，钩选"考虑原线单元"，是为了确保在分割楼板的同时，快速分割与

其相连的梁单元。

2."网格尺寸"选择"长度"与"1m";选择对应的"材料"与"厚度",填写"名称",点击"适用"即可。修改板厚时,也可以用同样的方法,只是选择要修改板的区域即可。

（8）定义剪力墙

框选要布置剪力墙上的梁单元,点击:节点/单元→扩展,弹出对话框,如图 4-46 所示。

图 4-46 "单元"菜单

注:1."扩展类型"应选择"线单元→平面单元";"单元类型"一般选择"墙单元";选择对应的"材料"及"厚度"。

2.一般选择,墙单元（板）；墙单元（膜）用于模拟只受面内荷载的剪力墙,而墙单元（板）可用于模拟承受面内荷载和面外弯矩的一般墙体。

3.如果不钩选"删除",则梁会被保留,应根据实际工程填写；dx、dy 一般分别填写 0、0；dz 表示剪力墙向下延伸的高度。

4.可以用"板单元"模拟剪力墙,但需要将板单元细分为 1～1.2m 的网格。板单元上可以施加面外荷载,如垂直于板单元平面的压力荷载,但剪力墙不能施加。程序可以自动对剪力墙进行配筋设计,对板单元,仅能根据分析得到的内力和应力结果,手动配筋。当选择"板单元"模拟剪力墙时,程序会提示选择薄板还是厚板,薄板是指板厚远小于平面尺寸的板,一般当板厚 h 与平面尺寸之比小于 1/10 时即认为薄板。由于其在计算时做了一些假定,因而如果按照厚板来计算,结果会更加准确。

5.midas Gen 中不支持对剪力墙进行打洞,如果剪力墙存在洞口,需首先对剪力墙进行分割；点击:节点/单元→分割单元,弹出对话框,如图 4-47 所示。midas Gen 中只允许对剪力墙单元沿局部坐标系 z 轴方向进行分割,沿 x 轴方向不能进行分割。因而可以按照实际洞口尺寸，在 z 轴（柱距-柱边长）方向进行分割距离，分割三个单元后，将中间墙单元删除，最后通过梁单元模拟连梁，直接连接两个节点建立梁单元即可。

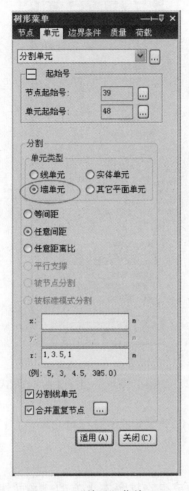

图 4-47 "单元"菜单（1）

（9）楼层复制及生成层数据文件

在屏幕的左上方点击"全选"的快捷键 ，将所有的单元选中，点击：结构→控制数据→复制层数据，如图 4-48、图 4-49 所示。

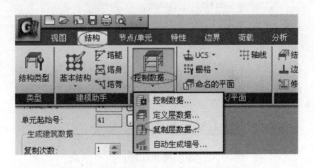

图 4-48 结构/控制数据/复制层数据

图 4-49　楼层的复制

注："复制次数"及"距离（全局 Z）"按实际工程填写，其他参数可按默认值，点击"添加"后，最后点击"适用"，即可生成框架模型。

点击：结构→控制数据→定义层数据，具体可参考：4.1，"定义层数据、刚性楼板假定及指定底面标高。

（10）定义边界条件

点击：视图→选择→平面或点击屏幕左上方的"平面快捷键" ，弹出对话框，如图 4-50 所示。

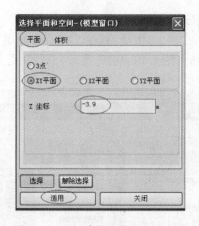

图 4-50　选择建筑底部的所有节点

注：1. 选择"平面"栏，选择"xy 平面"；Z 坐标填写框架底部节点的 z 坐标。

2. 点击图 4-50 中的"适用"，即可选择建筑底部所有的节点。

3. 点击：边界→一般支承，分别钩选"D-ALL"及"R-ALL"，点击"适用"，如图 4-51 所示。

（11）定义荷载工况

点击：荷载→静力荷载→静力荷载工况，弹出对话框，如图 4-52 所示。

（12）定义构件自重

点击：荷载→自重，在弹出对话框中填写相关参数，具体可参考 4.1 节。（8）定义自重和质量。

（13）定义质量；

点击：模型→结构类型，将自重转换为质量；点击：模型（树形菜单）→质量→将荷载转换成质量。具体可参考 4.1（8）定义自重和质量。

（14）定义楼面荷载及屋面荷载

点击：荷载→分配楼面荷载→定义楼面荷载类型，弹出对话框，如图 4-53、图 4-54 所示。

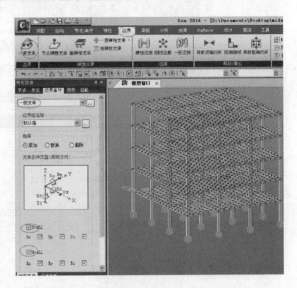

图 4-51　对所选的节点赋予边界条件

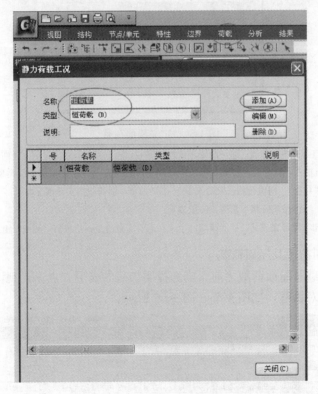

图 4-52　静力荷载工况

注："名称"输入恒荷载，"类型"选择恒荷载，点击"添加"；再按以上方法分别定义"活荷载工况"、"风荷载工况"及"地震作用工况"，具体可以参考：4.1，"定义静力荷载工况、风荷载以及反应谱荷载。

图 4-53　定义楼面荷载类型

图 4-54　定义楼面荷载

注：1. 定义楼板自重，有两种方法，第一是定义楼板材料时，将其容重设为0，定义楼面荷载类型时，直接将楼板自重考虑到恒载中进行输入；第二是，楼板材料按照实际情况进行定义，定义楼面荷载类型时，不考虑楼板自重。由于本项目之前定义了"自重"，则恒载一般输入1.5～2.0即可，活荷载按实际情况填写。

2. 屋面恒载（附加）一般按实际情况填写，一般为5。

3. 点击"添加"按钮，即可完成某一楼面荷载的定义。需要注意的是，荷载值一般按要输入负数。

（15）加载楼面荷载及屋面荷载

在加载楼面荷载及屋面荷载之前，应选择要加载的楼层。点击：视图→激活→全部→按属性激活，弹出对话框，如图4-55、图4-56所示。

图 4-55　按属性激活

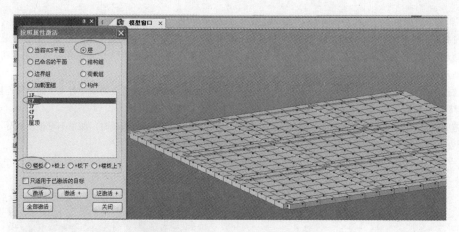

图 4-56 "按照属性激活"对话框

注：1. 在图 4-56 中，一般选择"层"；如果第二楼楼面（第一层顶面）要加载，则选择 2F，选择"楼板"，点击"激活"，则显示要选择的楼层；

2. 点击"全部激活"，在显示整个框架三维模型。

点击：荷载→分配楼面荷载→分配楼面荷载，如图 4-57 所示。

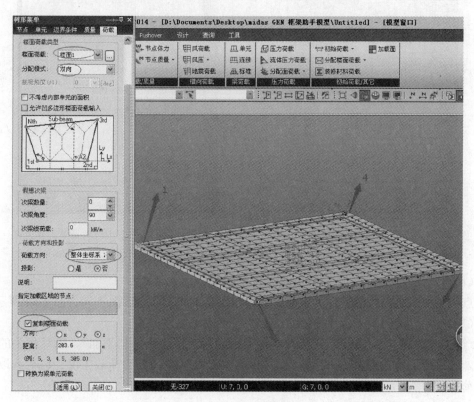

图 4-57 加载楼面荷载对话框

注：1. "楼面荷载"选择对应的"荷载"，"分配模式"应根据实际工程情况填写，一般可选择"双向"；"荷载方向"一般选择"整体坐标系 Z"；"复制楼面荷载"应根据实际情况填写，如果楼层层高一样，且大部分荷载也一样时，可以钩选，图 4-57 中 2@3.6，表示复制 2 层，每层层高 3.6m。

2. 用鼠标点击"指定加载区域的节点"，然后分别点击图 4-57 中的节点 1→2→3→4→1，点击"适用"，即完成楼面面荷载的输入。如果施加屋面楼板荷载，则按以上操作方法进行即可。

3. 荷载显示的方法一般有两种，第一种是直接在工作树菜单中，在某个荷载内容上单击右键，选择"显示"，如图 4-58 所示；第二种是在键盘上输入"显示"的快捷键"Ctrl＋E"，选择"荷载栏"，然后选中要显示的"荷载"，如图 4-59 所示。

4. 选择"单向"导荷时，楼面荷载导到哪一个边上，与指定加载区域时选择节点的顺序有关。如果先连接短边两点，则荷载会导到长边上，否则会导到短边上。

5. 施加楼面荷载不需要定义楼板，而施加压力荷载需要定义楼板；施加压力荷载时，如果不对楼板划分，则仅会在梁端产生内力，而对梁跨中没有影响，因此需要点击：节点/单元→自动网格。

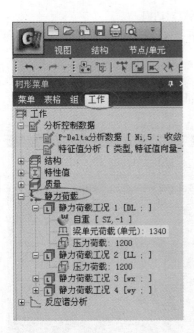

图 4-58　在工作目录数中设置显示荷载

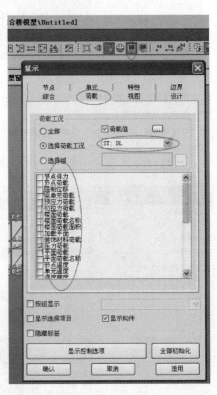

图 4-59　显示对话框中设置荷载显示选项

注：点击"适用"后，才显示荷载名称。

（16）定义线荷载

点击：荷载→静力荷载→梁单元荷载、连续梁单元荷载，如图 4-60、图 4-61 所示。

（17）输入风荷载

点击：荷载→静力荷载→风荷载，在弹出的对话框中点击"添加"，填写相关的参数后，即可完成风荷载的定义，具体可以参考：4.1（9）定义静力荷载工况、风荷载以及反应谱荷载。

（18）定义地震作用

点击：荷载→地震作用→反应谱函数、定义反应谱荷载工况，即可完成地震作用的定义，具体可以参考：4.1（9）定义静力荷载工况、风荷载以及反应谱荷载。

在实际工程中，如果需要进行"时程分析"，还应点击：荷载→地震作用→时程荷载工况、定义时程荷载函数。

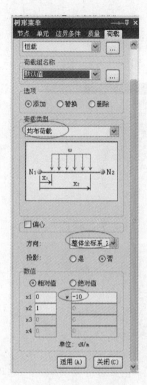

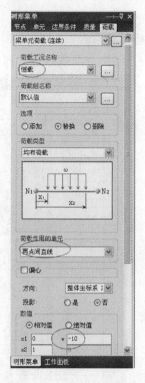

图 4-60　梁单元荷载

图 4-61　连续梁单元荷载

注：1. w 输入负值，值的大小按实际工程填写；荷载类型一般选择"均布荷载"；其他参数可按默认值。

2. $X_1=0$，$X_2=1$ 代表在整个单元上加载。

注：1. 在图 4-61 中的"加载区间（两点）"中点击布置梁上线荷载的位置后，点击"适用"，即布置上了线荷载。

2. "梁单元线荷载"通过选择需要施加梁单元荷载的单元进行指定；而"连续梁单元荷载"通过选择沿直线或曲线连续的梁单元的起点和终点进行指定。

4.4　荷载、荷载类型、荷载工况、荷载组合以及荷载组的区别？

答：荷载：如自重、节点荷载、梁单元荷载、预应力荷载等。荷载的两个基本特征为荷载大小和作用方向。

荷载类型：荷载所属的类型，如恒荷载、活荷载、风荷载、地震荷载或温度荷载等。自动生成荷载组合时，程序根据静力荷载工况中定义的荷载类型，按照《荷载规范》（GB 50009—2012）中规定的组合值系数，进行荷载组合。

荷载工况：可用于查看分析结果及进行荷载组合；一个荷载工况中可以包含多个荷载，如同一荷载工况中可以包含节点荷载以及单元荷载等；一个荷载工况只能定义一种荷载类型，如果某荷载工况已经被定义为恒荷载，则不能再定义为活荷载或其他荷载类型；但不同的荷载工况可以属于同一荷载类型；

荷载组合：为了保证结构可靠性而对可能同时出现的各种荷载工况，考虑相应的组合值系数进行组合，用于查看分析结果和进行设计；荷载组合可以在后处理中进行，即运行分析后再进行组合。当模型中包含非线性单元，需要进行非线性分析时，应在分析前建立荷载组合，并由荷载组合生成新的荷载工况后再进行分析。

荷载组：荷载组一般用于施工阶段分析。进行施工阶段分析时，同一个施工阶段的荷载可以定义为一个荷载组，定义施工阶段时将其在相应的施工阶段激活或钝化即可。

4.5 如何进行荷载组合？

答：点击：结果→荷载组合，弹出荷载组合对话框，如图 4-62、图 4-63 所示。

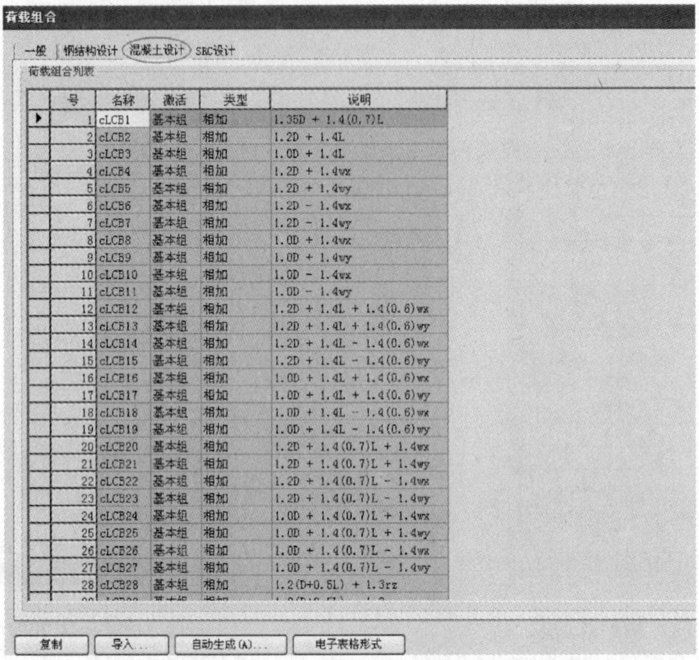

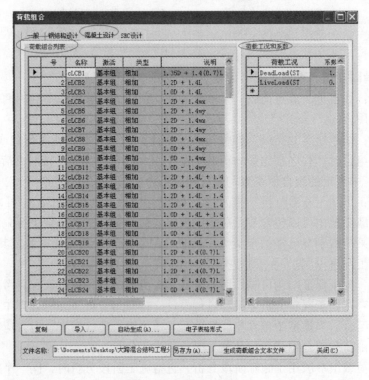

图 4-62　荷载组合（1）

图 4-63　荷载组合（2）

注：1. 荷载组合可以根据实际工程需要填写；

2. 一般可以参考图 4-62 填写荷载组合，需要注意的是，"激活"菜单下一般有四种选项：钝化、基本组合、标准组合、特殊和竖向；"类型"菜单下一般有三种选项：相加、包络与 SRSS。

3. 每填写好一个"荷载组合列表"，应在右边栏"荷载工况和系数"一般中填写对应的工况＋系数，需要注意的是，有些荷载组合中，不是加，而是减，所以系数可以填写负值。

4. 在图 4-62 中点击"自动生成"，弹出对话框，如图 4-64 所示。钩选"考虑正交结果"，点击"设置双向地震荷载工况"按钮后，选择"rx（RS）"、"ry（RS）"，点击"添加"，即完成双向地震作用的设置。

4.6 如何显示某一层所有的构件的截面尺寸？

答：输入显示的快捷键"Ctrl＋E"，单击"特性"分页，钩选"特性值名称"，并点击"确认"后，即在视图窗口中显示截面尺寸，如图 4-65 所示。

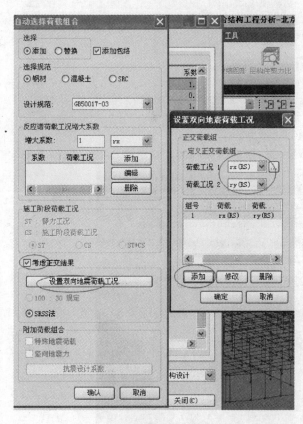

图 4-64 设置双向地震作用

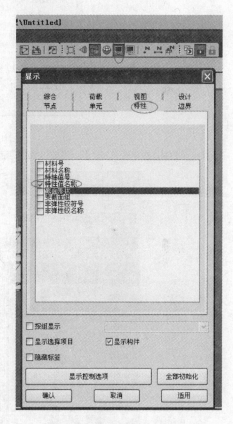

图 4-65 显示截面尺寸对话框

注：在定义截面的时候，输入名称时最好直接输入截面的尺寸，方便查看和修改。

4.7 结构只能定义一个初始温度，如果需要对结构进行两次温度调整，应如何处理？

答：温度应变与温度变化值直接相关，与初始温度和最终温度并不存在必然的关系，也就是，结构是从 0 度升温至 10 度，还是从 10 度升温至 20 度，其结果并无区别。于是可以最初温度定义为 0 度，而最终温度输入温度变化值，具体操作如下：点击：结构→结构类型，如图 4-66 所示。

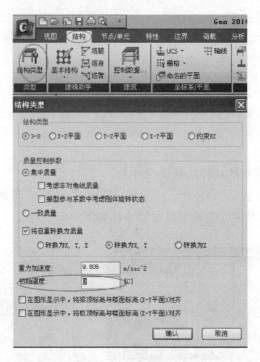

图 4-66　结构类型

注：初始温度可以定义为 0 度。当把初始温度定义完成后，点击：荷载→温度/预应力→系统温度，如图 4-67 所示。

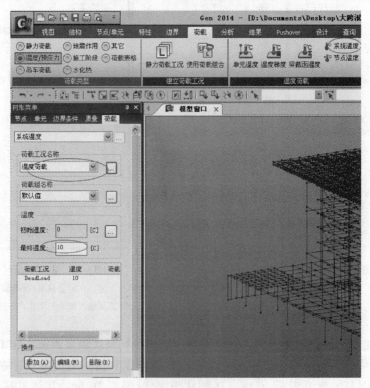

图 4-67　"系统温度"对话框

注：1. 需要定义温度荷载工况；对话框中。初始温度可以输入为 0，最终温度可以输入，温度变化值，点击，"添加"即可。

2. 如果混凝土的"线膨胀系数"不同，则需要修改混凝土的线膨胀系数。

• 计算分析及结果查看

4.8 如何在"分析"中对一些分析菜单进行参数设计？

答：点击：分析→主要控数据，如图 4-68 所示。

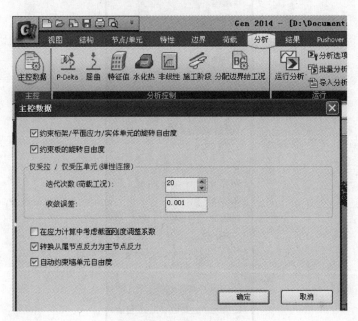

图 4-68 主控数据

注：参数一般可按默认值。

点击：分析→P-delta，如图 4-69 所示。

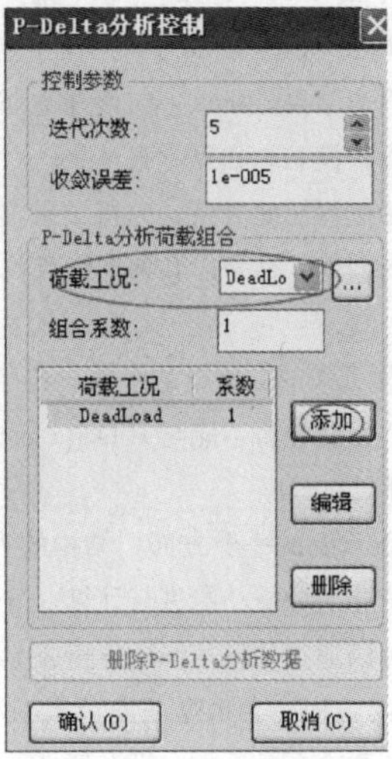

图 4-69 P-Delta 分析控制

注：1. 选择 P-Delta 效应分析时用于构成几何刚度的荷载（组合）。输入荷载工况及相应的组合系数。一般选择作用在结构上的恒载（自重、恒载等）。点击"添加"即可。

2. 其他参数一般可按默认值。

点击：分析→屈曲，如图 4-70 所示。

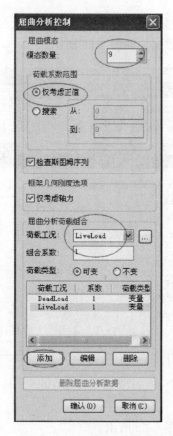

图 4-70　屈曲分析控制

注：1. 输入结构屈曲分析的荷载工况及相关数据。屈曲分析采用子空间迭代法。结构做屈曲分析时需要构成几何刚度。为了构成几何刚度，需要静力分析的内力结果。所以，应该建立屈曲分析所需的荷载工况。分析结束之后，可以在"结果＞模态＞阵型＞屈曲模态"中查看各模态和临界荷载系数。

输入自重（不变）和附加荷载（可变）后进行屈曲分析。分析结果输出的特征值就是屈曲荷载系数，屈曲荷载系数乘以附加荷载（可变）加上自重等于屈曲荷载值。做考虑几何非线性的屈曲分析可使用非线性分析功能中的位移控制法。

2. 检查斯图姆序列：钩选该项可检查任何丢失的屈服荷载系数，若存在，会在信息窗口给出报错提示。仅考虑轴力：形成框架几何刚度矩阵时，仅考虑轴力。屈曲分析不能与 P-Delta 分析或特征值分析同时进行。屈曲分析仅限于桁架单元、梁单元（包括变截面梁单元）和板单元。

3. 对于大跨空间结构，其稳定性分析是很重要的一个方面，结构的失稳可以分为分支点失稳和极值点失稳两类，对于第一类失稳，可以直接通过程序的特征值屈曲分析功能进行计算（分析→屈曲分析）；对于第二类失稳问题，需要考虑结构的几何非线性或材料非线性特性，可以通过几何非线性分析或 Pushover 分析来实现。

4. 临界荷载系数的符号表示的是荷载方向，程序会根据屈曲荷载工况的设置，自动计算正反两个方向的荷载系数。但一般而言，荷载方向是固定的，计算荷载方向的反方向没有意义，因而可以钩选"只考虑正值"，即计算所定义的荷载方向的临界荷载系数。

点击：分析→特征值，如图 4-71、图 4-72 所示。

图 4-71　特征值分析控制

1. 特征值分析和屈曲分析不能同时进行。在做动力分析（如时程分析或反应谱分析）时，必须先进行特征值分析。反应谱分析中将使用特征值分析中得到的特征周期。因此在输入反应谱数据时，必须包括结构自振周期的预计范围

2. 子空间大小：默认值为"0"，表示由程序自动划分子空间。子空间的大小，一般取为结构振型数量的 2～3 倍。

3. 特征值分析属于线性分析，如果模型中存在索单元这种非线性单元，在进行特征值分析时，程序会将索单元等效成桁架单元，则计算得到的结构动力特征值会与实际值有很大出入；可以点击：荷载→初始荷载→小位移→初始单元内力，在弹出的对话框中输入：初始张力，则可以考虑该拉力对索单元刚度的影响。

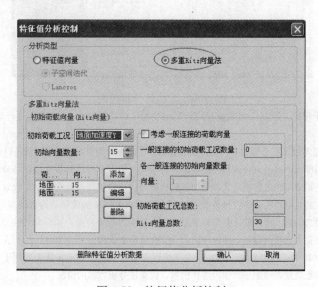

图 4-72　特征值分析控制

注：1. 为了计算 Ritz 向量，需要输入初始荷载向量。选择荷载工况生成初始荷载向量，程序将首先按初始荷载向量的方向和大小计算特征值。Ritz 向量法具有计算收敛快，计算结果比较准确的特点。

2. 对于大跨度空间结构等具有复杂体型的结构, 无法按照规范的方法去计算风荷载, 此时可以通过设置虚面来添加风荷载。此时, 如果采用子空间迭代法去进行特征值分析, 往往很难保证振型参与质量达到90%的要求, 此时可以选择多重 Rizt 向量法。

点击: 分析→非线性, 如图 4-73、图 4-74 所示。

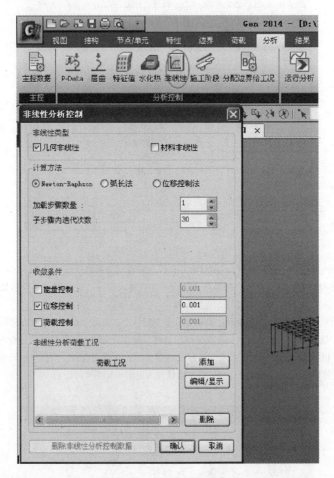

图 4-73　非线性分析控制

注: 1. 进行非线性分析时, 一般首选 Newton-Taphson 方法。位移控制法一般多用于进行非线性屈曲分析或 Push-over 分析。

2. 收敛与否一般主要与以下三个参数有关: 加载步骤数、子步骤内迭代次数以及收敛条件。

加载步骤数: 可适当增加, 该值对收敛与否影响不是特别大, 但对非线性分析来说, 划分的越多, 计算越趋于准确; 子步骤内迭代次数: 该值对收敛影响较大, 增加迭代次数后, 一般位移范数会减小; 收敛条件: 一般有三个判别标准, 能量控制、位移控制及荷载控制, 三种方法可以同时使用也可以单独使用, 钩选越多, 分析计算时间会越长, 钩选判别方法后, 可在后边的输入框中输入数值, 该处输入的数值为收敛容差, 如果非线性分析时, 子步骤内迭代次数达到了设定值, 各范数仍大于收敛容差, 则程序认为非线性分析未收敛。

3. 在"荷载工况"一栏中点击"添加", 可以定义非线性分析荷载工况, 该功能主要用于对于某一个或几个荷载工况, 需要增加加载步骤数量或者增加子步骤内迭代次数, 以保证分析收敛的情况。

点击: 分析→施工阶段, 如图 4-75 所示。

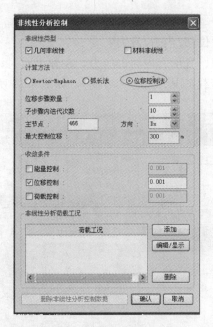

图 4-74　非线性分析控制

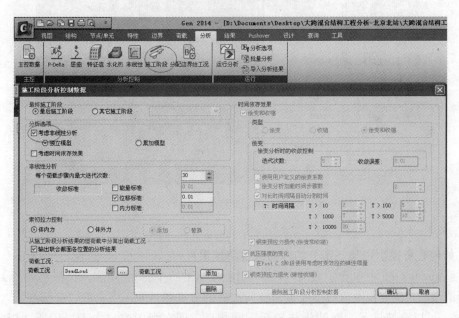

图 4-75　施工阶段分析控制数据

注：1. 进行施工阶段分析时，程序提供两种方法来考虑非线性特性，分别为：独立模型与累加模型；独立模型是：在各个施工阶段形成独立模型来进行分析，对某一个施工阶段进行分析时，不考虑之前施工阶段的内力和变形；一般用于大位移的非线性分析；

累加模型：对后一个施工阶段进行分析时，累加前一个施工阶段的分析结果（内力和变形），一般用于考虑混凝土的收缩徐变特性。

2. 进行施工阶段分析时，程序将施工阶段所有荷载作用的结果都保存在 CS：恒荷载工况内。如果用户希望查看施工过程中某一荷载（比如温度荷载）对结构的影响时，需要在分析之前，在图 4-75 所示的对话框中，将该荷载从施工阶段分析的 CS：恒荷载工况中分离出来，保存在 CS：活荷载中。

3. 点击"运行分析"，即对该模型进行计算。

4.9 怎么查看模型的反力/位移/内力/应力?

答:点击:结果→反力、变形、内力、应力,在弹出对对话框中,根据工程需求,查看相应的计算结果(不同荷载工况、组合、方向),如图 4-76 所示。

图 4-76 计算内力查看

4.10 如何查看模型中某一部分的内力或位移结果?

答:midas Gen 中包含了激活(F2)和钝化(Ctrl+F2)的功能,快捷键如图 4-77 所示。所谓激活,即在视图窗口中仅显示其所选择的节点和单元,当点击"全部激活(Ctrl+A)"时,可以全部显示。而钝化与激活正好相反,即在视图窗口中不显示所选择的节点和单元。

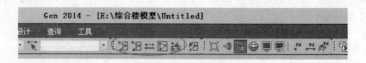

图 4-77 激活与钝化按钮

注:如果只需要查看结构中某一部分的内力或位移结果,可以先将这部分节点或单元激活,再利用查看结果的各种命令即可。

82

• 其他计算与分析

4.11 如何进行 Pushover 分析？

答：（1）点击：设计→混凝土构件设计→梁设计，在弹出的对话框中单击"全选"与"更新配筋"；点击：设计→混凝土构件设计→柱设计，在弹出的对话框中单击"全选"与"更新配筋"；设计→混凝土构件设计→墙设计，在弹出的对话框中单击"全选"与"更新配筋"。

（2）点击：Pushover→整体控制，如图 4-78、图 4-80 所示。

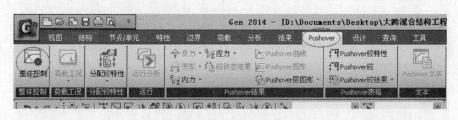

图 4-78　Pushover 对话框

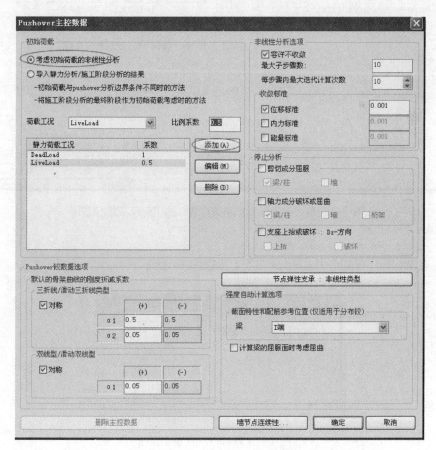

图 4-79　静力弹塑性分析初始荷载（重力荷载代表值）

注：如果结构未做施工阶段分析，可以采用重力荷载代表值（DL＋0.5LL）作为初始荷载，如图4-79所示；如果已经做了施工阶段分析，则可以采用施工阶段的最终状态作为静力弹塑性分析的初始状态，如图4-80所示。

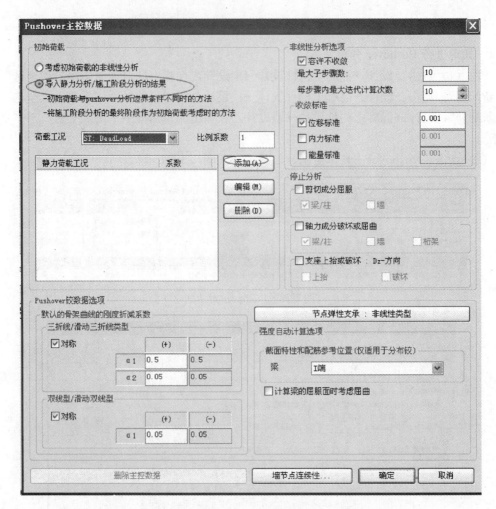

图4-80　静力弹塑性分析初始荷载（施工阶段最终状态）

注：应选择"施工阶段"的计算结果作为其初始状态，比例系数为1。

（3）点击：Pushover→Pushover工况，如图4-81所示。

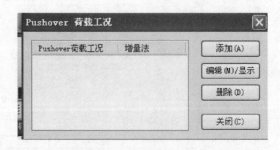

图4-81　Pushover荷载工况

注：在图4-81中点击"添加"，弹出"Pushover荷载工况"对话框，如图4-82所示。

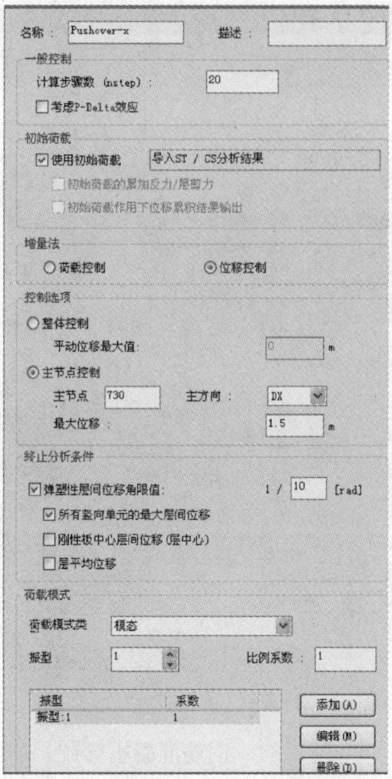

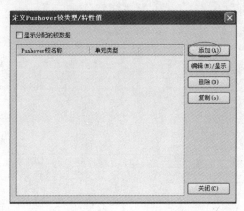

图 4-82　Pushover 荷载工况

注：1. "一般控制"中填写计算步骤数和是否考虑初始荷载以及 P-Delta 效应。计算步骤数为最大控制位移的等分数量，具体数值可综合考虑计算效率选取。通常在试算时步骤划分分数较小，正式计算时才会使用更短、更精细的步长；"增量法"一般选择"位移控制"。

2. "控制选项"中一般采用"主节点"控制，若采用整体控制，则可能出现局部构件发生破坏，但整体结构完好；"终止分析条件"中，弹塑性层间位移限值，一般取值较大，大于《抗规》（GB 50011—2010）中规定的结构在罕遇地震作用下层间位移角限值；最大位移一般为总高度×弹塑性层间位移角限值，参见《建筑抗震设计规范》。

3. "荷载模式"一般选取"模态"加载。也可以自己定义"层地震力"方式（即反应谱工况下，每层地震力），这与实际受力更加一致。一般要定义"Pushover-x"与"Pushover-y"两个工况。

4. 一般选择：第一振型，原因：多层结构的地震力接近倒三角形与第一振型接近。

（4）点击：Pushover→分配铰特性→定义 Pushover 铰特性值，如图 4-83 所示。

图 4-83　定义 Pushover 铰类型/特性值

注：在图 4-83 中点击添加，分别定义"梁"、"柱"和"墙"的塑性铰，如图 4-84～图 4-86 所示。

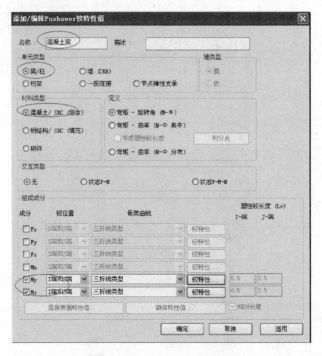

图 4-84　钢筋混凝土梁铰

注：1. 梁作为主要的抗弯构件，一般选择强轴和弱轴方向的弯矩 My 和 Mz，定义骨架曲线。根据材料类型，对于钢筋混凝土构件，可以选择三折线和 FEMA 骨架曲线，如果为钢构件，可以选择双折现和 FEMA 骨架曲线。

2. SRC（包含）为型钢混凝土，而 SRC（填充）为钢管混凝土。与一般分析时，程序将 SRC 构件中一种材料等效为另一种材料的处理方法相同，弹塑性分析时，程序采用相同的方法。对于型钢混凝土构件，程序将型钢等效为混凝土，对于钢管混凝土构件，将混凝土等效为钢材后计算构件的刚度。

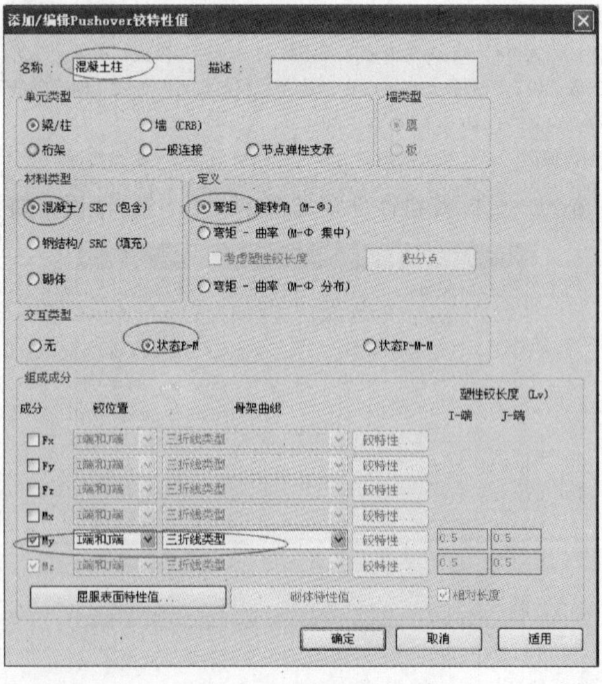

图 4-85　混凝土柱铰

注：柱作为压弯构件或拉弯构件，需要考虑轴力和弯矩之间的相互影响，因而交互类型中选择"状态P-M-M"，此时 My 和 Mz 已经默认钩选，二者与轴力之间的关系可以通过屈服面特性值进行查看。需要注意的是，这里仅是根据构件的轴力值以及屈服面，得到与该轴力对应到构件的屈服弯矩，此时并不考虑轴线的塑形状态变化。如果需要考虑，可以钩选 Fx，另行定义。

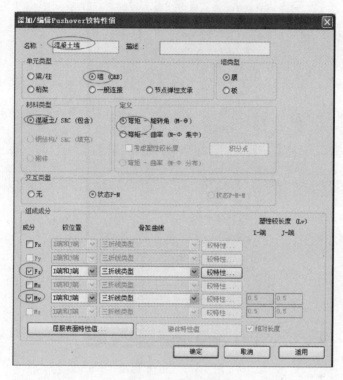

图 4-86　混凝土墙铰

注：与柱构件相同，剪力墙构件的定义方法也需要按照压弯构件来定义。除此之外，还需考虑剪力墙的受剪特性，此时可以钩选"Fz"，并定义其骨架曲线。

（5）选择要定义为"铰"的构件，点击：Pushover→分配铰特性→分配 Pushover 铰特性值，在弹出的对话框中，按照实际工程填写，点击"适用"，如图 4-87 所示。

（6）点击：Pushover→运行 Pushover 分析，运行静力弹塑性分析后，可以得到结构的能力曲线，点选"性能点控制（FEMA）"，点击"定义弹性谱"，会弹出对话框，在对话框中按照实际工程具体情况填写：设计地震分组、设防烈度以及场地类别等，并点击"确认"，输入相应的阻尼参数后，就给出性能点的相关信息。

在图中点击"重画"，点击"添加层间位移输出的 Pushover 步骤"，在弹出的对话框中，程序生成了 push-x（pp）子步骤，其为性能点所对应的子步骤。

（7）点击 Pushover→Pushover 层图形→层剪力/层间位移/层间位移角图形，可以查看对应的分析结果。点击 Pushover→Pushover 铰结果，可以查看性能点处塑性铰状态。

4.12　如何进行动力弹性时程分析？

答：动力弹性时程分析的步骤可以概括为：定义时程序荷载函数→定义时程荷载工况→定义地面加速度→定义时程分析结果层反应→定义质量数据→定义特征值分析控制（自振分析）→查看整体分析结果。

图 4-87　分配塑形铰

注：1. 对于混凝土梁与混凝土柱，单元类型选择"梁/柱"，铰特性值类型分别选择自己定义的所对应的类型，比如混凝土梁、混凝土柱。

2. 对于混凝土墙，单元类型选择"梁墙"，铰特性值类型选择自己定义的所对应的类型，比如混凝土墙。

（1）点击：荷载→地震作用→时程函数，弹出对话框，如图 4-88 所示。

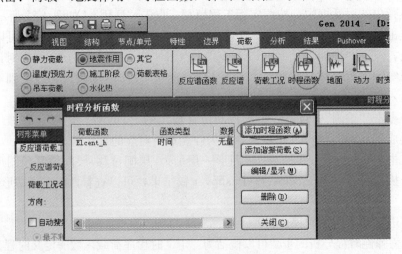

图 4-88　时程函数对话框

注：在图 4-88 中点击"添加时程函数（A）"，如图 4-89 所示。

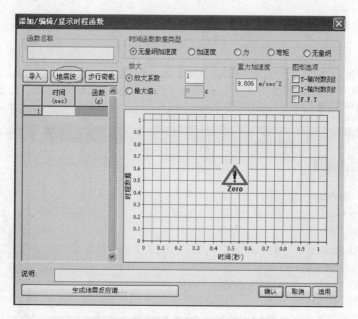

图 4-89　添加/编辑/显示时程函数

注：1. 在图 4-89 中点击"地震波"，进行相关操作后，如图 4-90 所示。

2. 时间荷载数据类型采用无量纲加速度即可。

3. 应钩选"最大值"，按照表 4-2 对地震波进行调整。

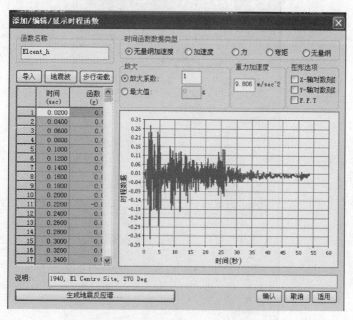

图 4-90　添加/编辑/显示时程函数（1）

时程分析所用地震加速度时程曲线的最大值（cm/s²）　　　　表 4-2

地震影响	6 度	7 度	8 度	9 度
多遇地震	18	35（55）	70（110）	140
罕遇地震	125	220（310）	400（510）	620

注：括号内数值分别用于设计基本地震加速度为 0.15g 和 0.30g 的地区。

（2）点击：荷载→地震作用→时程荷载工况，如图 4-91 所示。

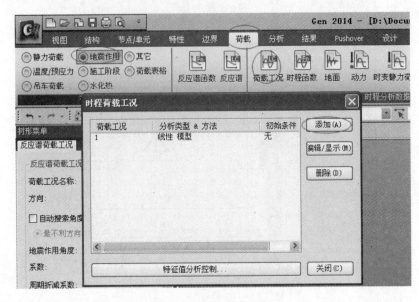

图 4-91　时程荷载工况

注：点击"添加"，弹出对话框，如图 4-92 所示。

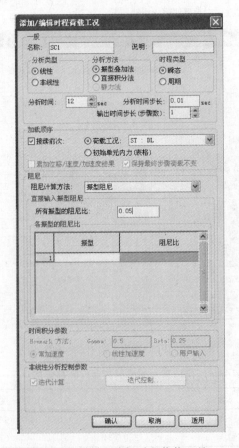

图 4-92　添加/编辑时程荷载工况

注：1. 弹性时程分析应选择"线性"，弹塑性时程序分析应选择"非线性"；分析时间，高规对此做了规定，地震波的持续时间不宜小于建筑结构基本自振周期的3～4倍，也不宜小于12s；"分析方法"一般可选择"振型叠加法"，且采用"振型叠加法"时，一定要定义特征值分析控制，自振周期较大的结构（如索结构）采用直接积分法，否则选择振型法。

分析时间步长：表示在地震波上取值的步长，推荐不要低于地震波的时间间隔（步长），一般可填写0.01或0.02，一般大于5倍结构基本自振周期，时间步长取0.02s；输出时间步长：整理结果时输出的时间步长。例如结束时间为20秒，分析时间步长为0.02秒，则计算的结果有20/0.02＝1000个。如果在输出时间步长中输入2，则表示输出以每2个为单位中的较大值，即输出第一和第二时间段中的较大值，第三和第四时间段的较大值，以此类推。

2. 时程分析类型：当波为谐振函数时选用线性周期，否则为线性瞬态（如地震波）。振型的阻尼比：可选所有振型的阻尼比。如果需要考虑"时变静力荷载"，在用地震动就行计算的时候，"时程荷载工况"里"加载顺序"要"接续前次"，考虑时变静力荷载的作用，必须注意有一个顺序的问题：在添加"时程荷载工况"和"定义时程分析函数"的时候，需要先定义"时变静力荷载"，然后才定义地震动函数（定义地震波），并且在"时程荷载工况"的定义里，时变静力荷载和地震波的分析类型及其他参数应该一致。

3. 在midas Gen中反应谱分析和时程分析不能同时计算，这是两个独立的计算，一般都是先算反应谱，后算时程，可以建两个模型，分别计算。

（3）点击：荷载→地震作用→地面加速度，如图4-93所示。

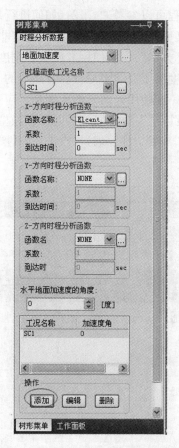

图4-93　时程分析数据（地面加速度）

注：1. 在对话框如果只选X方向时程分析函数，表示只有X方向有地震波作用，如果X、Y方向都选择了时程分析函数，则表示两个方向均有地震波作用。一般一个时程分析数据中应至少包含三个荷载工况，每个荷载工况可包含采用同一个地震波的X、Y、Z方向的时程分析函数。其峰值加速度之比为1：0.85：0.65。

2. 系数：为地震波增减系数。到达时间：表示地震波开始作用时间。例如：X、Y两个方向都作用有地震波，两个地震波的到达时间（开始作用于结构上的时间）可不同。水平地面加速度的角度：X、Y两个方向都作用有地震波时如果输入0度，表示X方向地震波作用于X方向，Y方向地震波作用于Y方向；X、Y两个方向都作用有地震波时如果输入90度，表示X方向地震波作用于Y方向，Y方向地震波作用于X方向；X、Y两个方向都作用有地震波时如果输入30度，表示X方向地震波作用于与X轴方向成30度角度的方向，Y方向地震波作用于与Y方向成30度角度的方向。

（4）点击：结构→控制数据→建筑主控数据，在弹出的对话框中，钩选"时程分析结果的层反应"，点击"层平均"；

（5）点击：结构→结构类型，钩选"将自重转换为质量"，点击：模型（树形菜单）→质量→将荷载转换成质量，分别选择：DL及LL荷载工况，组合值系数分别为1与0.5，点击"添加"即可。

（6）点击：分析→特征值，如图4-71所示。

（7）点击：分析→运行分析，即完成计算。

4.13 如何进行动力弹塑形时程分析？

动力弹塑形时程分析的过程可以参考"4.12 如何进行动力弹性时程分析？"。而不同的是，"时程荷载工况"的定义里，考虑弹塑性一般使用"非线性"的分析类型，"直接积分法"的分析方法。"阻尼计算方法"一般使用"质量和刚度因子"，可以通过第一、第二振型的周期来计算"质量和刚度因子"。"阻尼计算方法"的"应变能因子"和"单元质量和刚度因子"一般是和组阻尼一起使用，两者的区别是"应变能比例"是根据单元的变形来计算阻尼，"单元质量和刚度因子"计算阻尼的时候和振型有关。

需要定义"定义铰特性值"（梁、柱、墙），点击：特性→非弹性铰→定义非弹性铰特性值，如图4-94所示。

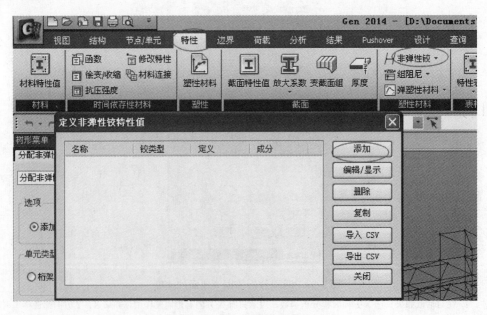

图 4-94　定义非弹性铰特性值

注：在图 4-94 中点击：添加，弹出对话框，如图 4-95 所示。

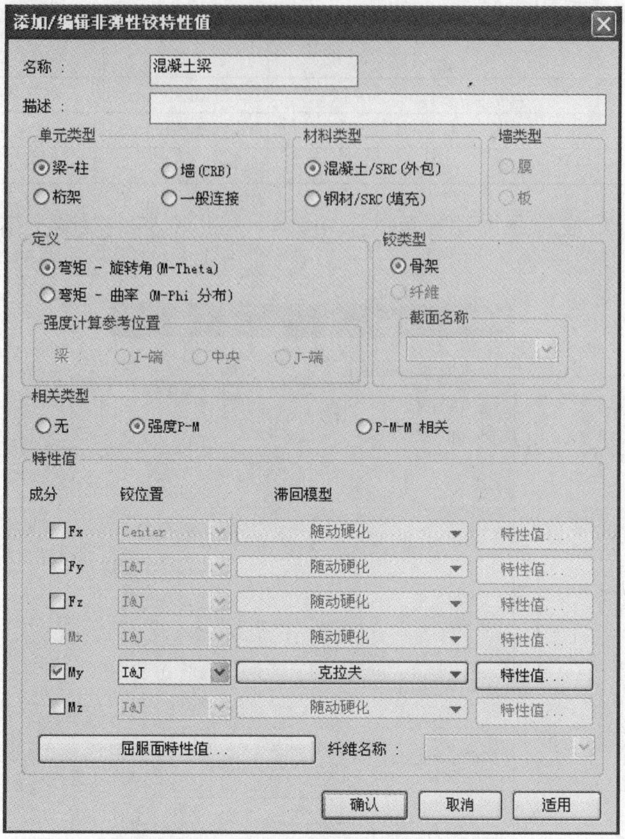

图 4-95 添加/编辑非弹性铰特性值

注：1. 参数填写具体可参考"4.11 如何进行 Pushover 分析？"。

2. 加柱的 P-M-M 铰时候，不管截面形状，需要在"屈服面特性值"里选择"自动计算"，对于梁和支撑是在"滞回模型"旁边的"特征值"里选择"自动计算"。

4.14　如何进行中震弹性分析？

答：《抗规》中对中震设计的内容涉及很少，仅在总则中提到"小震不坏、中震可修、大震不倒"的抗震设防目标，但没有给出中震设计的判断标准和设计要求，我国目前的抗震设计是以小震为设计基础的，中震和大震则是通过地震力的调整系数和各种抗震构造措施来保证的，但随着复杂结构、超高超限结构越来越多，对中震的设计要求也越来越多，目前工程界对于结构的中震设计有两种方法：第一种按照中震弹性设计；第二种是按照中震不屈服设计；而这两种设计方法在 MIDAS/Gen 中都可以实现。

点击：荷载→地震作用→反应谱函数，在弹出的对话框中点击添加，定义中震反应谱，即在定义相应的小震反应谱基础上输入放大系数 β 即可，β 值按表 4-3 取用。

地震影响系数（β 为相对于小震的放大系数）　　　　　　　　表 4-3

设防烈度	7 度	7.5 度	8 度	8.5 度	9 度
小震 α	0.08	0.12	0.16	0.24	0.32
中震 α	0.23	0.33	0.46	0.66	0.80

设防烈度	7度	7.5度	8度	8.5度	9度
大震 α	0.50	0.72	0.90	1.20	1.40
中震放大系数 β	2.875	2.75	2.875	2.75	2.5
大震放大系数 β	6.25	6	5.625	5	4.375

点击：设计→RC 设计→设计规范（图 4-96），可以对整个混凝土结构的抗震等级进行确定。

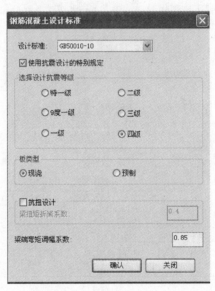

图 4-96　钢筋混凝土设计标准

注：1. 定义设计参数时，将抗震等级定为四级，即不考虑地震组合内力调整系数（即强柱弱梁、强剪弱弯调整系数）。
2. 其他操作均同小震设计。

4.15　如何进行中震不屈服分析？

答：在 MIDAS/Gen 中定义中震反应谱内容同中震弹性设计。定义设计参数时，将抗震等级定为四级，即不考虑地震组合内力调整系数（即强柱弱梁、强剪弱弯调整系数）。内容同中震弹性设计。

点击：结果→荷载组合：将各项荷载组合中的地震作用分项系数取为 1.0 即可。

点击：设计→RC 设计→材料分项系数（图 4-97），将材料分项系数取为 1.0 即可，其他操作均同小震设计。

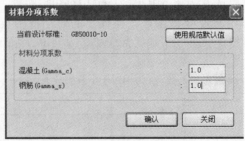

图 4-97　材料分项系数

• 其　他

4.16　如何单独定义构件的抗震等级?

答：点击：设计→钢结构设计→设计规范（图 4-98），可以对整个钢结构的抗震等级进行确定；点击：设计→RC 设计→设计规范（图 4-96），可以对整个混凝土结构的抗震等级进行确定；需要某些构件的抗震等级与整个结构不一致，首先框选需要修改抗震等级的构件，点击：设计→一般设计参数→定义抗震等级，如图 4-99 所示，点击"适用"即可。

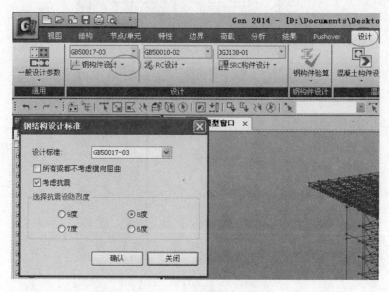

图 4-98　钢结构设计标准

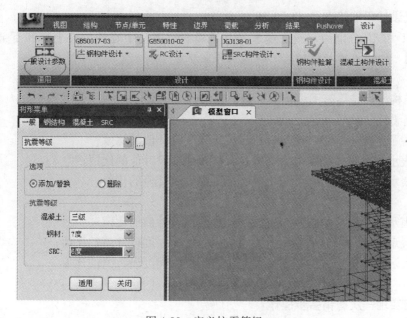

图 4-99　定义抗震等级

4.17 如何修改空间钢结构的计算长度系数？

答：空间结构的计算长度系数，与节点形式和杆件类型有关系，而这两项内容在 Gen 中无法定义，因而程序无法自动计算空间钢结构的计算长度系数。点击：设计→一般设计参数→计算长度系数（k），输入构件沿强轴和弱轴方向的计算长度系数即可，如图 4-100 所示。

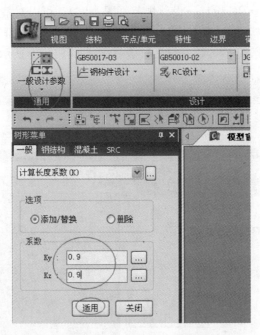

图 4-100　定义计算长度系数

4.18 定义设计用钢筋直径 dT 和 dB 的含义？

答：dT 和 dB 分别为钢筋混凝土梁上部和下部钢筋中心到构件上部和下部边缘的距离。输入时，要将该值与保护层厚度区别开来。

4.19 钢结构设计结果简图中，三个数字分别代表什么含义？

答：钢梁：

R1：表示钢梁正应力强度与抗拉、抗压强度设计值的比值；

R2：表示钢梁整体稳定应力与抗拉、抗压强度设计值的比值；

R3：表示钢梁剪应力强度与抗拉、抗压强度设计值的比值。

钢柱：

R1：表示钢柱正应力强度与抗拉、抗压强度设计值的比值；

R2：表示钢柱强轴方向稳定应力与抗拉、抗压强度设计值的比值；

R3：表示钢柱弱轴方向稳定应力与抗拉、抗压强度设计值的比值。

4.20 如何实现一次撤销多步操作？

答：点击"撤销"命令旁下拉图标，既可以按照顺序显示对当前模型所做的各种操作。选择要撤销的各步操作，点击"撤销"就可以实现一次撤销多步操作。如图 4-101 所示。

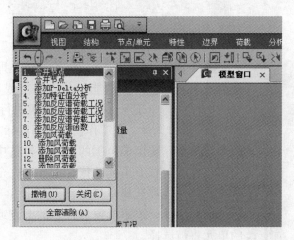

图 4-101　撤销按钮下拉列表

注：需要注意的是，模型关闭后重新打开时，之前程序记录所有的步骤的操作内容将会消失，此时无法进行撤销或重做。

4.21　如何删除自由节点？

答：选选择节点，点击：节点/单元→删除，在弹出的对话框中钩选"只适用于自由节点"，点击"适用"，如图 4-102 所示。

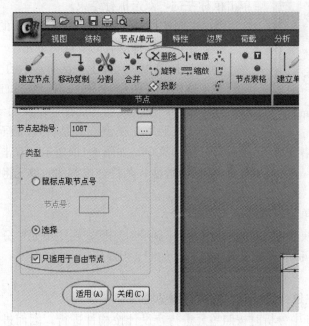

图 4-102　删除自由节点

4.22　如何快速选择节点和单元？

答：可以通过 midas Gen 软件中的屏幕左上方的快捷键进行操作，如图 4-103 所示。

图 4-103　选择快捷菜单

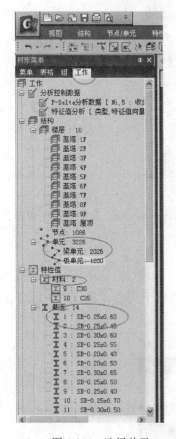

图 4-104　选择单元

（或材料、截面）

注：必须在图 4-104 中的"工作"栏中选择。

▉：单选。重复指定选中的实体，即为撤销选择。为了提高效率，可以将该功能与节点捕捉或单位捕捉同时使用，按住鼠标左键并拖至目标方向，即可执行窗口选择功能。

▉：窗口选择。在工作窗口中用鼠标左键连续点击矩形的两个对角点，被矩形包围的实体将被选中。如果首先点击左上角，然后向右下角拖动鼠标选择，完全被矩形窗口包围的节点或单元将被选择；如果首先点击右下角，然后向左上角拖动鼠标选择，被矩形窗口包围的节点或单元以及边界相交的单元将被选择。

▉：多边形选择。在模型空间窗口中定义一个多边形边界选择实体。在视图窗口中用鼠标左键连续点击角点，使定义的多边形包围被选择的实体，点击最后一点时，双击鼠标左键即可结束选择。

▉：交叉线选择。在视图窗口中用鼠标连续画出任意直线，与该线相交的单元均被选择。连续画线时，在不同点处单击鼠标左键，双击鼠标结束。

▉：平面选择。选择指定平面内包含的所有节点和单元。

▉：全选。选择所有的节点和单元。

▉：选择前次。选择上一次所选中的节点和单元。

与上述选择按钮相对应的，有"窗口解除选择"、"多边形解除选择"、"交叉线解除选择"以及"全部解除选择"。

如果要按照单元类型或者是材料/截面类型来选择单元，可以打开树形菜单，如图 4-104 所示，双击某一单元类型或某宜材料/截面特性，则符合该条件的单元将被选中。

4.23　如何显示各单元的局部单元坐标轴？

答：输入显示快捷键"Ctrl+E"，打开显示对话框，在"单元"分页中钩选"单元坐标轴"，即可显示各种单元的单元坐标轴，如图 4-105 所示。

4.24　midas Gen 在进行设计时，应进行哪些处理？

答：midas Gen 中分析时按照单元进行，设计按构件进行，因而进行设计之前，需要作如下处理。

（1）对于梁/柱/桁架等线单元，需要指定构件。点击：设计→一般设计参数→指定构件。对于混凝土结构，指定构件后，程序按照构件进行配筋并输出配筋结果。

（2）对于剪力墙，需生成墙号。点击：模型→建筑物数据→自动生成墙号。对于指定构件，可以在后处理中进行，但是生成墙号的工作需要在前处理中进行。因为墙号除了影响设计结果外，还会影响分析结果，查看剪力墙内力结果时，程序都是按照墙号来进行输出的。自动生成墙号后，可以通过显示对话框进行查看。如果不希望按照程序自动生成的墙号来输出内力或配筋，此时可以对墙号进行修改，点击：模型→单元→修改单元参数，选择相应的墙单元后，直接指定要分配给其的墙号即可。

需要注意的是，剪力墙的单元号不同于墙号；剪力墙的内力结果是按照墙号来输出的，不要根据剪力墙的单元号到表格结果中进行查找。不同层内的剪力墙墙号可以相同，由于剪力墙设计时，分层分墙号进行设计，所以不同层的剪力墙墙号可以相同。

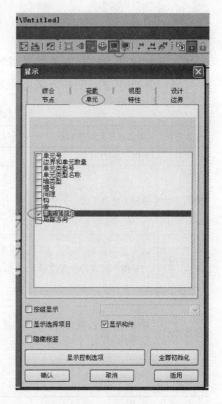

图 4-105　显示单元坐标轴

4.25　midas Gen 温度荷载中系统温度、温度梯度与梁截面温度的区别？

答：点击：荷载→温度荷载→系统温度/节点温度/单元温度/温度梯度/梁截面温度。系统温度是指，对整个模型输入的轴向温度荷载；节点温度是指，对节点输入的轴向温度荷载，故如果选择了所有节点则等同于输入系统温度；单元温度是指，对单元输入的轴向温度荷载；温度梯度是指，对梁单元和板单元输入的上下/左右各面的温度差；梁截面温度是指，对于梁单元和板单元输入的截面内部非均匀分布时温度。

前三个是对模型整体温度的定义，其中系统温度是定义模型全部单元和节点温度，如果某些节点或单元温度不一样，可通过节点温度和单元温度来定义；后两者是针对同一截面顶面和底面的温度差的定义，当为线性变化时，采用温度梯度荷载定义，若为非线性时，采用梁截面温度荷载定义。

温度梯度适用于具有弯曲刚度的单元，如梁和板单元。对梁单元，需要输入沿单元局部坐标系 y 轴和 z 轴方向距截面边缘的距离和温度差；对板单元，温度梯度可用板上下面的温度差和板厚表示。

需要注意的是，温度作用只有受约束时才会产生内力，所以当没有约束时，构件即使有位移也有可能不产生内力；系统温度是按最终温度和初始温度的差计算的，当所有构件的升温和降温都相同时建议使用系统温度，建议在初始温度中输入 0 度，在系统温度中输入整体升温或降温的温度。由于弯矩是温度梯度的函数，故随着单元截面的高度或宽度不同，即使输入相同的温度差，其计算结果也会是不同的，因此，如果建立的梁单元的尺寸与实际结果有差异，可选择"使用截面的 Hz"后输入计算温度梯度时要使用的截面高度；作用在构件上的温度荷载为线性时，构件内部不会产生自应力，但温度荷载为非线性时，构件内部会产生自应力，这种内部自应力在没有外部边界条件时也会产生，所以构件内部会形成应力差。

4.26 几种预应力施加方法的差异？

答：几种预应力施加方法的差异如表 4-4 所示。

几种预应力施加方法的差异 表 4-4

施加方法	建立索单元时施加预应力（1）	几何刚度初始荷载（2）	初拉力荷载（3）
类型	类似于外力	内力	外力
荷载工况	适用于所有工况	适用于所有工况；但初始荷载仅添加到指定工况的内力中结构处于初始的平衡状态，可以作为其他荷载工况的初始状态	只属于某特定荷载工况
空工况	内力≠初拉力；为自重与初拉力平衡下的内力；有位移	内力＝初始荷载；无位移	无初始刚度，分析不收敛，需在建立索单元时施加一比较小的预应力值，如 1kN
优先级	1，2 同时考虑时 1 不起作用，其他情况共同作用		
分析类型	只适用于非线性分析，对线性分析不起作用	大位移下几何刚度初始荷载用于非线性分析，而小位移下初始荷载用于线性分析或动力分析	线性，非线性都起作用
应用	可用于找形分析	可用于其他荷载工况的分析	可用于施工阶段分析，如分批张拉等

5　midas Building 建模与计算分析常见问题解答

5.1　如何对框架-剪力墙结构进行建模、计算分析及结果查看（完整过程）？

答：（1）双击桌面上 midas Building 图标，启动 midas Building 软件，点击"结构大师"，进入"结构大师"工作界面，如图 5-1 所示。

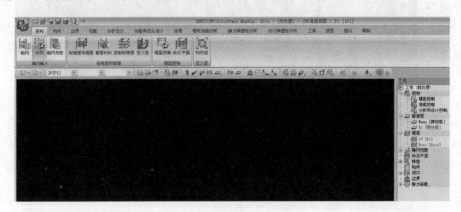

图 5-1　结构大师工作界面

（2）点击：结构→轴网输入→轴网，弹出轴网视图，如图 5-2、图 5-3 所示。

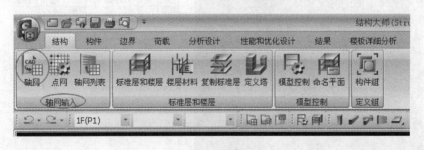

图 5-2　轴网菜单

在图 5-3 中点击"正交轴网"快捷键（画圈中），弹出对话框，如图 5-4 所示；在"下侧"栏输入沿着 x 方向轴线之间的间距，在"左侧"栏输入沿着 y 方向轴线之间的间距，在键盘上点击"Enter"键，如图 5-4 所示。

（3）定义并布置柱：

点击：构件→柱（图 5-6），弹出构件对话框（图 5-7），点击对话框中的"新建"，进入"截面"对话框，选择"混凝土"选项卡，定义需要的柱子（图 5-8）。再点击"新建"，进入"截面"对话框，选择"混凝土"选项卡，定义其他柱。

选择要布置的柱子截面尺寸，可以用一点或者窗口的方式布置柱。

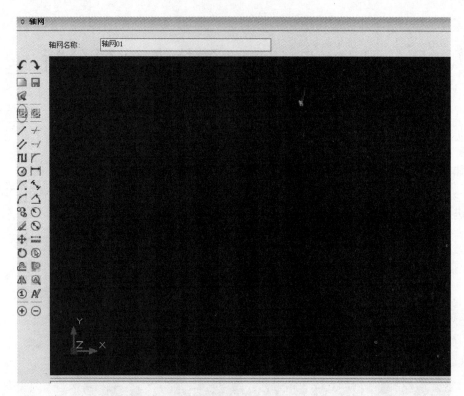

图 5-3　轴网对话框

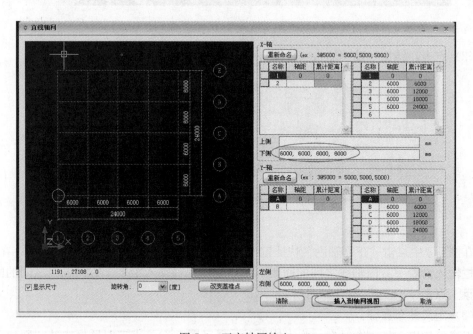

图 5-4　正交轴网输入

注：1. 点击"插入到轴网视图"按钮，回车键可将建立的轴网插入到轴网视图界面中。

2. 为了便于参考，点击"设置基准点"，选择轴网左下角①轴与Ⓐ轴的交点，将其设为基准点，点击"插入到模型视图"按钮，按回车键将轴网插入到模型视图中，如图 5-5 所示。

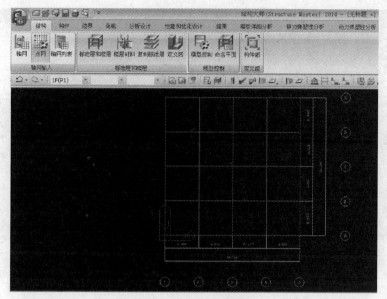

图 5-5　标准层轴网视图

图 5-6　构件截面对话框

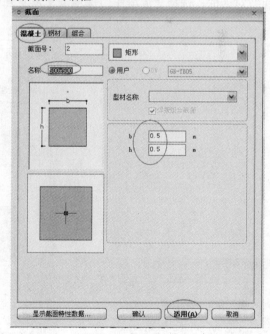

图 5-7　建立构件（1）

图 5-8　定义柱截面

注：完成柱子布置后，在屏幕的"工具箱"中，点击"标准视图"的快捷键，查看建模是否正确，如图 5-9 所示。

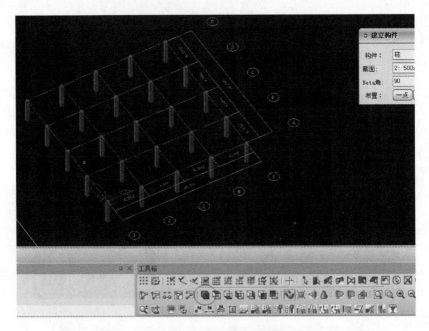

图 5-9　"柱子"标准视图

注：在屏幕的"工具箱"中，点击"顶视图"的快捷键，可以返回到平面状态。

（4）定义并布置主梁

点击：构件→梁，弹出构件对话框（图 5-10），点击对话框中的"新建"，进入"截面"对话框，选择"混凝土"选项卡，定义需要的主梁（图 5-11），再点击"新建"，进入"截面"对话框，选择"混凝土"选项卡，定义其他主梁。

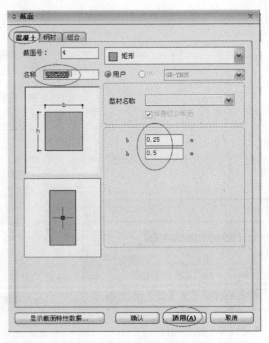

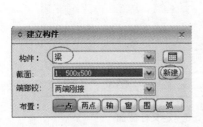

图 5-10　建立构件（2）

图 5-11　定义主梁截面

注：点击图 5-10 中的弧，选择"弧（3 点）"，可以布置弧形梁。

104

选择要布置的主梁截面尺寸，两端刚接，可以用轴线、两点或者窗口的方式布置主梁（图 5-12）。

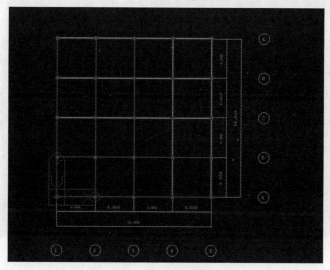

图 5-12 主梁布置

（5）布置次梁

点击：构件→次梁，弹出构件对话框（图 5-13），点击对话框中的"新建"，进入"截面"对话框，选择"混凝土"选项卡，定义需要的次梁（图 5-14），再点击"新建"，进入"截面"对话框，选择"混凝土"选项卡，定义其他次梁。

选择要布置的次梁截面尺寸，两端刚接，可以用轴线、两点或者窗口的方式布置次梁（图 5-15）。

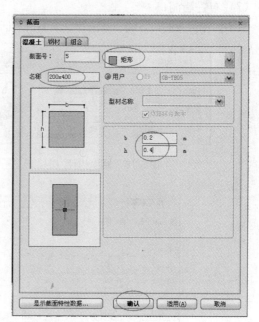

图 5-13 建立构件（3）

图 5-14 定义次梁截面

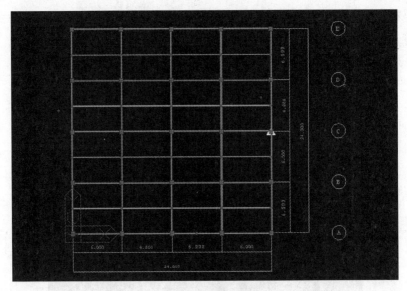

图 5-15　次梁布置

（6）布置剪力墙

点击：构件→墙，弹出构件对话框（图 5-16），点击对话框中的"新建"，进入"截面"对话框，选择"混凝土"选项卡，定义需要的墙（图 5-17），再点击"新建"，进入"截面"对话框，选择"混凝土"选项卡，定义其他墙。

选择要布置的墙截面尺寸，可以用轴线、两点或者窗口的方式布置墙。

（7）布置墙洞口

点击：构件→洞口→墙，弹出建立墙洞口对话框（图 5-18），

图 5-16　建立构件（4）

图 5-17　定义墙截面

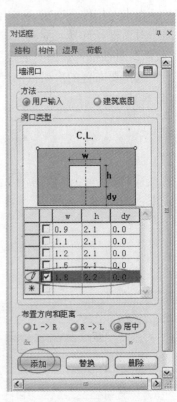

图 5-18　墙开洞的设置

注：需要注意的是，一定要右边变成"笔"，才能修改参数。

选择方法：用户输入，洞口类型：分别按照提示输入 w（宽度）、h（高度），dy（洞口底部距该层楼板面的距离）的长度，布置方向和距离：居中。

点击工具箱中"选择墙"（图 5-19），选择需要开洞的墙体，点击"自动生成"，生成墙洞口所示。

图 5-19　工具箱（1）

注：图中"1"为选择柱、"2"为选择主梁、"3"为选择次梁、"4"为选择墙、"5"为选择楼板。

（8）布置楼板

弹出构件对话框（图 5-20），点击对话框中的"新建"，进入"截面"对话框，选择"混凝土"选项卡，定义需要的楼板（图 5-21），再点击"新建"，进入"截面"对话框，选择"混凝土"选项卡，定义其他楼板。

选择要布置的楼板截面尺寸，可以点击自动生成，整个标准层布置一种板厚，如果有些地方板厚不同，可以选择用窗口的方式布置不同厚度的楼板。

图 5-20　楼板构件的布置

注：点击"自动生成"后，图 5-20 中会出现"悬臂板"选项，可以布置悬挑板，选择"窗口"模式布置。

图 5-21　定义板截面

注：点击：构件→洞口→楼板，点击"选择楼板快捷键"，点击要开洞的楼板，可以对楼板进行开洞。

（9）生成楼层

点击：工作数目录→楼层→1F，点击右键，选择"复制多个楼层"，输入楼层数，按"Enter"键，如图 5-22～图 5-24 所示。

（10）添加构件荷载

点击：荷载→构件荷载→楼板（图 5-25），弹出添加"楼板荷载"对话框，填写实际工程中的荷载，如图 5-26 所示。

点击：荷载→构件荷载→梁，弹出添加"楼板荷载"对话框，填写实际工程中的荷载，框选要布置荷载的梁，点击"添加"，如图 5-27 所示。

图 5-22　工作菜单

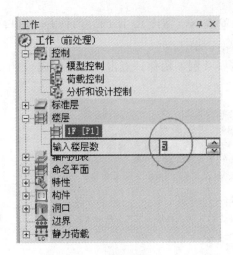
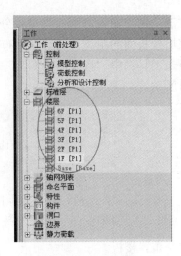

图 5-23　复制层数　　　　　　　　　　　　　　图 5-24　生成层

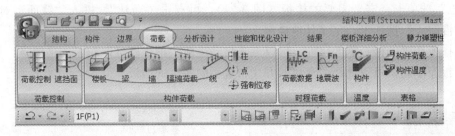

图 5-25　构件荷载对话框

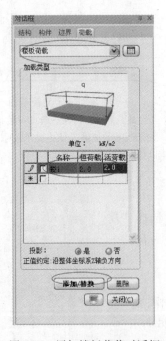
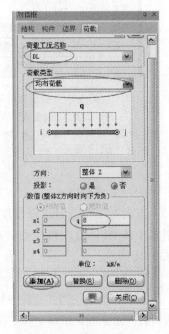

图 5-26　添加楼板荷载对话框　　　　　　　　图 5-27　布置梁荷载

　　注：在工具箱中选择"选择楼板"工具，选择需要替换楼面荷载的
楼板，点击：添加→替换，完成部分楼板荷载的替换。

点击：荷载→构件荷载→隔墙荷载，弹出对话框，如图 5-28 所示，点击"定义"，可以自行定义隔墙荷载，然后隔墙加载构件，布置该荷载既可。

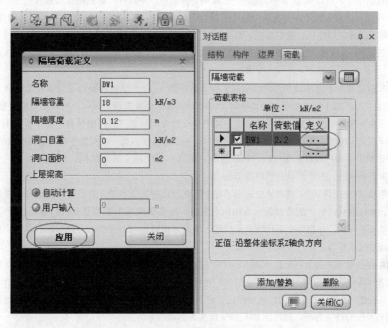

图 5-28　隔墙荷载

（11）点击：结构→标准层与楼层，打开标准层与楼层对话框，在楼层组装中，定义楼层层高以及默认的楼板荷载，如图 5-29 所示。

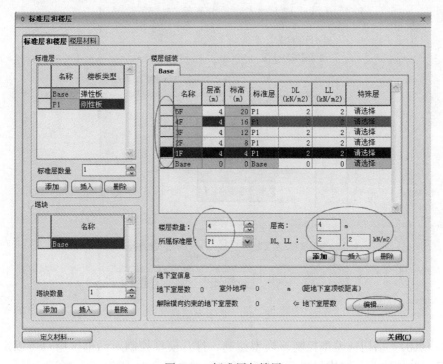

图 5-29　标准层与楼层

注：1. 当本层有较多转换构件时，需要将该层指定为转换层，钩选图中右边的"转换层"，表示该层已经被指定为转换层，程序会按照《高规》附录 E 要求计算转换层上下层的侧向刚度比；

2. 在标准层对话框中，可以添加/插入/删除一个和多个标准层，并且可以定义标准层楼板类型，程序默认标准层的起始号为 P1，程序中结构构件平面布置相同的楼层都可以定义为一个标准层。楼板类型包括：刚性楼板、弹性膜、弹性板、内刚外弹板四种。刚性板：假定楼板平面内刚度无限大，平面外刚度为 0；弹性膜：计算楼板真实的平面内刚度，平面外刚度为 0；弹性板：计算楼板真实的平面内外刚度；内刚外弹：平面内刚度无穷大，真实计算平面外刚度。

3. 对于异性楼板，楼板不连续及开大洞结构宜采用"弹性膜"；对于厚板转换层以及板柱结构体系宜采用"弹性板"；需要注意的是，标准层中定义的是整体楼板类型。当局部房间楼板类型不同时，可以通过修改楼板类型，点击：构件→替换构件特性→楼板类型，来修改板的属性。其中有一种类型叫做"只传递荷载的需虚板"用于考虑在结构中不存在的板，其特点是无刚度、无自重，不参与结构计算，只传递楼板荷载，一般用于模拟楼梯所在的楼面情况。

4. 在塔块对话框中，用户通过添加/插入/删除塔块，可以方便地建立多塔结构，程序默认有一个塔块，即 Base 塔；当用户添加多个塔块时，程序默认底部塔为 Base 塔。

5. "标准层和楼层/楼层组装"，该对话框显示了每个塔块设定的楼层数量，并且可以指定每个楼层隶属的标准层，楼层的层高、楼板默认的恒、活荷载值，方向向下为正，从而实现整个结构模型的组装。此栏中的"Base"层，是指结构模型的基底平面层，在程序中不代表真实楼层，如果考虑基础与上部结构一同分析计算时，可以在此层布置基础构件，设定合适的基底边界条件一同分析计算。

6. 如果结构中存在地下室部分，可以在图 5-29 中点击"编辑"，打开地下室对话框，如图 5-30 所示。地下室层数：是指与上部结构同时进行整体分析的地下室层数，程序默认是地下室楼层名称按照从上到下为 B1F、B2F、B3F。无地下室时填写 0；地下室信息对地震力、风力作用、地下室人防等信息有影响；GL 是指室外地坪距地下室 B1F 的顶板的距离，以 B1F 顶板的板顶为准，地坪比 B1F 的顶板高为正，低为负。

解除横向位移约束的地下室层数：此处填入解除横向位移约束的部分地下室层数，不得大于地下室层数。对于解除横向位移约束的地下室部分，计算时该层产生水平位移。

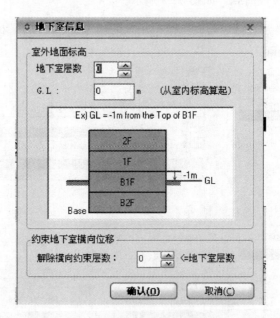

图 5-30　地下室信息

（12）点击：结构→模型控制→模型控制，打开模型控制对话框，用户可以定义模型的总信息：结构体系、结构材料、建筑物高度等，如图 5-31 所示。

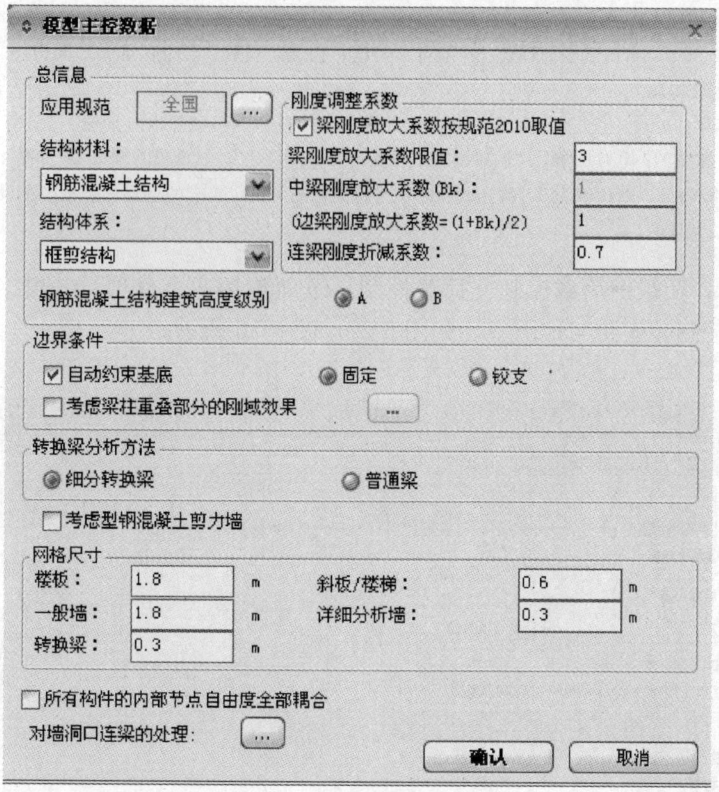

模型主控数据

总信息
应用规范　全国　[...]
结构材料：
钢筋混凝土结构
结构体系：
框剪结构

刚度调整系数
☑ 梁刚度放大系数按规范2010取值
梁刚度放大系数限值：　3
中梁刚度放大系数（Bk）：　1
（边梁刚度放大系数=(1+Bk)/2）　1
连梁刚度折减系数：　0.7

钢筋混凝土结构建筑高度级别　◉ A　○ B

边界条件
☑ 自动约束基底　　◉ 固定　　○ 铰支
☐ 考虑梁柱重叠部分的刚域效果　[...]

转换梁分析方法
◉ 细分转换梁　　○ 普通梁

☐ 考虑型混凝土剪力墙

网格尺寸
楼板：　1.8　m　　斜板/楼梯：　0.6　m
一般墙：　1.8　m　　详细分析墙：　0.3　m
转换梁：　0.3　m

☐ 所有构件的内部节点自由度全部耦合
对墙洞口连梁的处理：　[...]

确认　　取消

图 5-31　模型控制

注：1. "结构材料"、"结构体系"、"钢筋混凝土结构建筑高度级别"可以根据实际工程填写。

2. 刚度调整系数：根据《高规》5.2.2条，"现浇楼面中梁的刚度可考虑翼缘的作用予以增大，现浇楼板取值1.3～2.0"。通常现浇楼面的边框梁可取1.5，中框梁可取2.0；对压型钢板组合楼板中的边梁取1.2，中梁取1.5（详《高钢规》5.1.3条）。梁翼缘厚度与梁高相比较小时梁刚度增大系数可取较小值，反之取较大值，而对其他情况下（包括弹性楼板和花纹钢板楼面）梁的刚度不应放大。该参数对连梁不起作用，对两侧有弹性板的梁会失效；对于板柱结构，应取1。梁刚度放大的主要目的，是为了考虑在刚性板假定下楼板刚度对结构的贡献。梁的刚度放大并非是为了在计算梁的内力和配筋时，将楼板作为梁的翼缘，按T形梁设计，以达到降低梁的内力和配筋的目的，而仅仅是为了近似考虑楼板刚度对结构的影响。该参数的大小对结构的周期、位移等均有影响。

3. 连梁刚度折减系数：一般工程剪力墙连梁刚度折减系数取0.7，8、9度时可取0.5；位移由风载控制时取≥0.8；连梁刚度折减系数主要是针对那些与剪力墙一端或两端平行连接的梁，由于连梁两端位移差很大，剪力会很大，很可能出现超筋，于是要求连梁在进入塑性状态后，允许其卸载给剪力墙。计算地震内力时，连梁刚度可折减；对如计算重力荷载、风荷载作用效应时，不易考虑折减。连梁的跨高比大于等于5时，建议按框架梁输入。

4. 边界条件：程序自动约束基底。约束的方式有两种：固定和铰接。钩选此选项时，程序会自动按照用户所选的方式进行计算。一般工程应钩选：固定。如果不钩选此选项，则需要用户自定义基底约束条件。对于支撑结构，程序不能自动约束基底。

5. 考虑梁柱重叠部分的刚域效果：一般不选；大截面柱和异形柱应考虑选择该项；考虑后，梁长变短，刚度变大，自重变小，梁端负弯矩变小。

6. 刚域长度修正系数：取值范围为0～1，默认为1。当系数设定为0时，代表不考虑刚域效果。

7. 内力输出位置：程序提供两种选择，分别为修正前位置与修正后位置。修正前的位置是指：在节点区域外边缘输出构件内力；修正后位置是指：在按照刚域长度修正系数进行调整的位置输入构件内力。

8. 网格尺寸：一般工程，建议按默认值，可满足精度要求，网格尺寸越小，需要的时间越长。楼板划分尺寸默认值为1.8m，一般墙划分尺寸默认值为1.8m，转换梁划分尺寸默认值为0.3m，斜板/楼梯划分尺寸默认值为

0.6m。

9. 所有构件的内部节点自由度全部耦合：一般可不钩选，钩选此项后，即可保证在不同构件之间相邻的节点处，网格划分后的位移完全协调。

10. 对墙洞口连梁的处理：点击"对墙洞口连梁的处理"旁的按钮后，会弹出对话框。"计算时忽略洞口尺寸"，默认值为洞口宽 B2 和高 H2 均为 0.6m。"洞口两边不设置边缘构件尺寸"，默认值为洞口 B2 和高 H2 均为 0.9m。"按框架梁设计的连梁跨高比"，默认值为 5，钩选此项时，对跨高比满足设定要求的连梁均按框架梁设计。一般来说，上述设置的尺寸建议按默认值。

（13）点击：荷载→荷载控制→荷载控制，里面包括 5 个分项：一般、风荷载、地震作用、活荷载控制、人防与地下室，如图 5-32～图 5-36 所示。

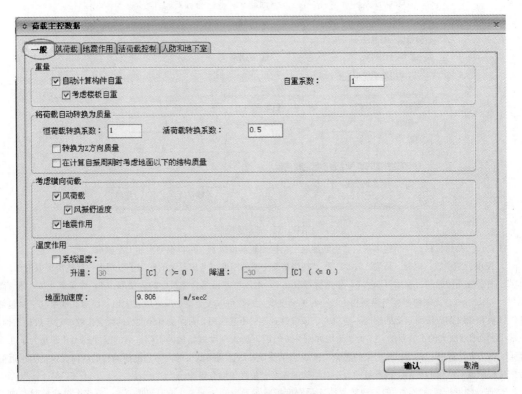

图 5-32　荷载控制一般

注：1. 自动计算构件自重：如果钩选，则程序会自动计算各构件的自重，一般应钩选。用户可以根据实际情况设置自重系数，一般为 1.05～1.1，此系数为考虑构件抹灰以及其他装饰荷载而采取的增大系数，需要注意的是，此处未计算楼板的自重。

2. 考虑楼板自重：应根据实际工程情况是否钩选，如果钩选此项，则程序会自动计算楼板自重，如果用户输入的楼面荷载中包含了楼板自重，则不需要钩选此项。

3. 将荷载自动转换为质量："恒/活荷载转换系数"，用于定义在计算地震作用时的重力荷载代表值，一般可分别谈些 1.0 与 0.5；"转化为 Z 方向质量"，如果钩选此项，则程序自动将荷载转化为 X、Y、Z 方向的质量，如果不用计算竖向地震作用，一般可不钩选。"在计算自振周期时考虑地面以下的结构质量"：默认为钩选，如果不钩选的话，则在作特征值分析的时候，不考虑地面以下的结构质量。

"考虑横向荷载"：包括风荷载和地震作用，默认两者都钩选。"温度作用"，钩选此选项时，则考虑温度荷载的作用；"地面加速度"，程序默认的重力加速度为 9.806m/s²，一般可按默认值。

4. 如果不钩选地震作用，仅指不考虑反应谱法以及基底剪力法的地震作用，并不影响时程分析的地震作用；如果修改地面加速度的值，主要影响结构的质量和自振周期。

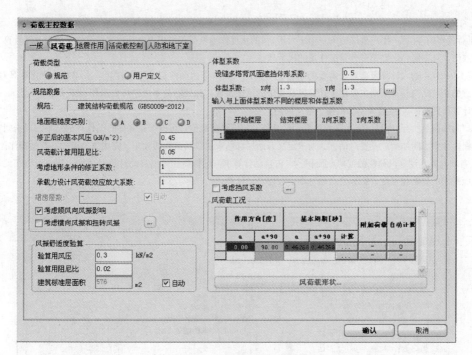

图 5-33　荷载控制-风荷载

注：1. 荷载类型：一般可点取"规范"，程序会自动按照荷载规范计算风荷载；如果点选"用户定义"，则需要用户自行输入风荷载的值。

2. 地面粗糙类别：

该选项是用来判定风场的边界条件，直接决定了风荷载的沿建筑高度的分布情况，必须按照建筑物所处环境正确选择。相同高度建筑风荷载 A＞B＞C＞D。

A 类：近海海面、海岛、海岸、湖岸及沙漠地区。

B 类：指田野、乡村、丛林、丘陵及中小城镇和大城市郊区。

C 类：指有密集建筑群的城市市区。

D 类：指有密集建筑群且房屋较高的城市市区。

3. 修正后的基本风压

修正后的基本风压主要考虑的是地形条件的影响，与楼层数直接关系不大。对于平地建筑修正系数为 1，即等于基本风压（按规范取）。对于山区的建筑应乘以修正系数。

一般工程按荷载规范给出的 50 年一遇的风压采用（直接查荷载规范）；对于沿海地区或强风地带等，应将基本风压放大 1.1～1.2 倍。

注：风荷载计算自动扣除地下室的高度。

4. 裙房层数：默认钩选"自动"，对于多塔结构，程序可以自动判断裙房的层数；非多塔结构，则需要用户手动输入。

5. 设缝多塔背风面体型系数：

程序默认为 0.5，仅多塔时有用。该参数主要应用在带变形缝的结构关于风荷载的计算中。对于设缝多塔结构，用户可以指定各塔的挡风面，程序在计算风荷载时会自动考虑挡风面的影响，并采用此处输入的背风面体型系数对风荷载进行修正。需要注意的是，如果用户将此参数填为 0，则表示背风面不考虑风荷载影响。对风载比较敏感的结构建议修正；对风载不敏感的结构可以不用修正。

6. 体型系数

程序默认为 1.30，按《荷规》表 7.3.1 一般取 1.30。按《荷规》表 7.3.1 取值；规则建筑（高宽比 H/B 不大于 4 的矩形、方形、十字形平面建筑）取 1.3（详见《高规》3.2.5 条 3 款）。处于密集建筑群中的单体建筑体型系数应考虑相互增大影响，详见（《工程抗风设计计算手册》张相庭。

7. 风荷载工况

"风荷载作用方向"：用户直接输入一个不大于90°的角度作为风荷载作用方向，程序计算该方向以及其垂直方向上的风荷载值，且程序允许定义多个角度作用的风荷载。

"基本周期"：输入计算风荷载所需要的结构基本周期，点击旁边的按钮，可以打开基本周期的简化计算对话框。需要注意的是，结构基本周期主要用于计算风荷载中的风振系数，此处的基本周期可以采用以下方法得到：a. 根据经验公式计算得到；b. 直接输入结构的第一平动周期。

8. "附加荷载"：此处可以定义除程序自动计算外的每层风荷载值，可以修正程序自动计算的结果。点击附加荷载下的按钮，会弹出附加荷载设置对话框。通过定义开始层和结束层以及荷载的大小，完成添加附加荷载的操作。

9. 自动计算：计算风荷载的迎风面面积。点击自动计算下方的按钮，弹出自动计算对话框。用户可以在此定义计算迎风面所需的高度和宽度，钩选"自动"则由程序自动计算。

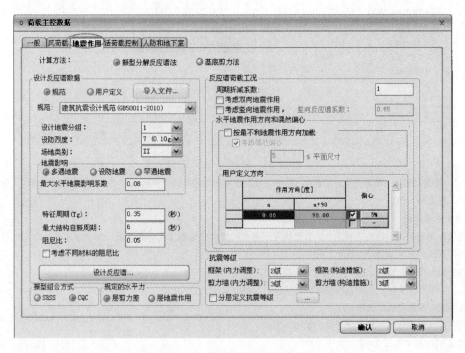

图 5-34　荷载控制-地震作用

注：1. "计算方法"：程序提供了目前考虑地震作用常用的两种方法：振型分解反应谱法、基底剪力法，一般可选择，振型分解反应谱法。

2. 设计反应谱数据：

"用户定义"：如果采用此种方法，则由用户直接导入地震波数据文件，形成反应谱计算地震作用。地震波数据文件格式为 ∗. sgs 和 ∗. spd。

"设计规范"：一般可选择《抗规》GB 50011—2010；

"设计地震分组"：根据实际工程情况查看《抗规》附录 A。

"设防烈度"：根据实际工程情况查看《抗规》附录 A。"场地类别"：根据《地质勘测报告》测试数据计算判定。场地类别一般可分为四类：Ⅰ类场地土：岩石，紧密的碎石土；Ⅱ类场地土：中密、松散的碎石土，密实、中密的砾、粗、中砂；地基土容许承载力＞250kPa 的黏性土；Ⅲ类场地土：松散的砾、粗、中砂，密实、中密的细、粉砂，地基土容许承载力≤250kPa 的黏性土和≥130kPa 的填土；Ⅳ类场地土：淤泥质土，松散的细、粉砂，新近沉积的黏性土；地基土容许承载力＜130kPa 的填土。场地类别越高，地基承载力越低。

地震烈度、设计地震分组、场地土类型三项直接决定了地震计算所采用的反应谱形状，对水平地震力的大小起到决定性作用。

3. 地震影响：程序提供了三个选项，多遇地震、设防地震、罕遇地震，一般可根据设计情况填写。

4. 最大水平地震力影响系数

地震影响系数最大值：即"多遇地震影响系数最大值"，用于地震作用的计算时，无论多遇地震或中、大震弹性或不屈服计算时均应在此处填写"地震影响系数最大值"。

具体值可根据《抗规》表 5.1.4-1 来确定，如表 5-1 所示。

水平地震影响系数最大值　　　　　　　　　　　　表 5-1

地震影响	6 度	7 度	8 度	9 度
多遇地震	0.04	0.08 (0.12)	0.16 (0.24)	0.32
罕遇地震	0.28	0.50 (0.72)	0.90 (1.20)	1.40

注：括号中数值分别用于设计基本地震加速度为 $0.15g$ 和 $0.30g$ 的地区。

5. 特征周期：

特征周期 T_g：根据实际工程情况查看《抗规》（表 5-2）。

特征周期值（s）　　　　　　　　　　　　表 5-2

设计地震分组	场 地 类 别				
	I_0	I_1	II	III	IV
第一组	0.20	0.25	0.35	0.45	0.65
第二组	0.25	0.30	0.40	0.55	0.75
第三组	0.30	0.35	0.45	0.65	0.90

6. 最大结构自振周期：默认为 6s，当结构基本周期超过 6s 后需要定义此参数。程序会根据《抗规》5.1.5 规定计算地震影响系数。

7. 阻尼比：默认为 0.05。反映结构内部在动力作用下相对阻力情况的参数。

8. 考虑不同材料的阻尼比：程序可以考虑结构中不同材料的阻尼比，适用于组合结构，可以在定义材料的时候，定义及修改不同材料的阻尼比。

9. 设计反应谱：点击该按钮，弹出编辑/显示谱数据对话框。

10. 振型组合方式

程序提供两种方式，SRSS 和 CQC。SRSS 是平方和开方法，这是一种非耦联的振型分解法，因此，当结构的自振形态或自振频率相差较大，不进行扭转耦联计算时，应采用 SRSS 方法。CQC 是完全平方组合法，考虑了振型阻尼比引起的相邻振型间的静态耦合效应，当某些振型的频率比较接近，对结构进行扭转耦联计算时，宜采用 CQC 方法。

11. 周期折减系数

计算各振型地震影响系数所采用的结构自振周期应考虑非承重填充墙体对结构刚度增强的影响，采用周期折减予以反映。因此当承重墙体为填充砖墙时，高层建筑结构的计算自振周期折减系数可按《高规》4.3.17 取值：

(1) 框架结构可取 0.6～0.7；

(2) 框架—剪力墙结构可取 0.7～0.8；

(3) 框架—核心筒结构可取 0.8～0.9；

(4) 剪力墙结构可取 0.8～1.0。

对于其他结构体系或采用其他非承重墙时，可根据工程情况确定周期折减系数。具体折减数值应根据填充墙的多少及其对结构整体刚度影响的强弱来确定（如轻质砌体填充墙，周期折减系数可取大一些）。周期折减是强制性条文，但减多少不是强制性条文，这就要求在折减时慎重考虑，既不能太多，也不能太少，因为周期折减不仅影响结构内力，同时还影响结构的位移，当周期折减过多，地震作用加大，可能导致梁超筋。周期折减系数不影响建筑本身的周期，即 WZQ 文件中的前几阶周期，所以周期折减系数对于风荷载是没有影响的，风荷载在 SATWE 计算中与周期折减系数无关。周期折减系数只放大地震力，不放大结构刚度。

注：1. 厂房和砖墙较少的民用建筑，周期折减系数一般取 0.80～0.85，砖墙较多的民用建筑取 0.6～0.7，（一般取 0.65）。框架—剪力墙结构：填充墙较多的民用建筑取 0.7～0.80，填充墙较少的公共建筑可取大些（0.80～0.85）。

剪力墙结构：取 0.9~1.0，有填充墙取低值，无填充墙取高值，一般取 0.95。

2. 空心砌块应少折减，一般可为 0.8~0.9。

12. 考虑双向地震作用：

"双向地震作用"是客观存在的，其作用效果与结构的平面形状的规则程度有很大的关系（结构越规则，双向地震作用越弱），一般当位移比超过 1.3 时（有的地区规定为 1.2，过于保守），"双向地震作用"对结构的影响会比较大，则需要在总信息参数设置中考虑双向地震作用，不考虑偶然偏心。

双向地震作用计算，本质是对抗侧力构件承载力的一种放大，属于承载能力计算范畴，不涉及对结构扭转控制和对结构抗侧刚度大小的判断。一般当位移比超过 1.3 时（有的地区规定为 1.2，过于保守）时选取"考虑双向地震"，程序会对地震作用放大，结构的配筋一般会加大，但位移比及周期比，不看"双向地震作用"的计算结果，而看"偶然偏心"作用下的计算结果。SATWE 在进行底框计算时，不应选择地震参数中的（偶然偏心）和（双向地震），否则计算会出错。

《抗规》5.1.1-3：质量和刚度分布明显不对称的结构，应计入双向水平地震作用下的扭转影响；其他情况，应允许采用调整地震作用效应的方法计入扭转影响。《高规》4.3.2-2：质量与刚度分布明显不对称的结构，应计算双向水平地震作用下的扭转影响；其他情况，应计算单向水平地震作用下的扭转影响。

13. 考虑竖向地震作用：

《抗规》第 5.1.1 条规定：8、9 度时的大跨度和长悬臂结构及 9 度时的高层建筑，应计算竖向地震作用。

14. 竖向反应谱系数：与水平反应谱相比的地震影响折减系数；

15. 水平地震作用方向和偶然偏心

"按最不利地震方向加载"：用户选择是否按照最不利的地震方向加载。钩选后，程序会自动生成地震作用工况 RS_C 和 RS_C+90。最不利地震作用结果可以在文本结构中（周期、地震作用及振型）文档中进行查看；其方向可以在模型视图中显示。

"考虑偶然偏心"：在计算最不利地震作用时，可以选择是否考虑偶然偏心的影响。若钩选，则默认取 5％的偏心率，并且用户可以自行定义偏心率值，程序会自动生成偶然偏心工况 ES_C 和 ES_C+90。用户修改地震作用方向，可以输入一个 0~90 度的角度，程序自动生成与该角垂直的方向地震作用工况。用户最多可以定义 5 个地震作用方向，自定义方向的角度默认从 0 度开始。

"用户定义方向中考虑偶然偏心"：在自定义方向中，用户可以选择是否考虑偶然偏心，钩选 5％按钮。按照垂直于地震作用方向的 5％取用，生成偶然偏心工况为 ES_0 与 ES_90，点击 5％按钮，弹出设置自定义方向的偶然偏心对话框，可以设置偶然偏心数值的大小。

16. 抗震等级

丙类建筑按本地区抗震设防烈度计算，根据《抗规》表 6.1.2 或《高规》3.9.3 选择。乙类建筑，（常见乙类建筑：学校、医院）按本地区抗震设防烈度提高一度查表选择。建筑分类见《建筑工程抗震设防分类标准》GB 50223—2008

"混凝土框架抗震等级"、"剪力墙抗震等级"根据实际工程情况查看《抗规》表 6.1.2。

此处指定的抗震等级是全楼适用的。某些部位或构件的抗震等级可在前处理第二项菜单"特殊构件补充定义"进行单构件的补充指定。钢框架抗震等级应根据《抗规》8.1.3 条的规定来确定。

抗震等级不同，抗震措施也不同，在设计时，查看结构抗震等级时的烈度可参考表 5-3。

决定抗震措施的烈度 表 5-3

建筑类别	设计基本地震加速度（g）和设防烈度					
	0.05 6	0.1 7	0.15 7	0.2 8	0.3 8	0.4 9
甲、乙类 丙类	7 6	8 7	8 7	9 8	9 8	9＋ 9

注："9＋"表示应采取比 9 度更高的抗震措施，幅度应具体研究确定。

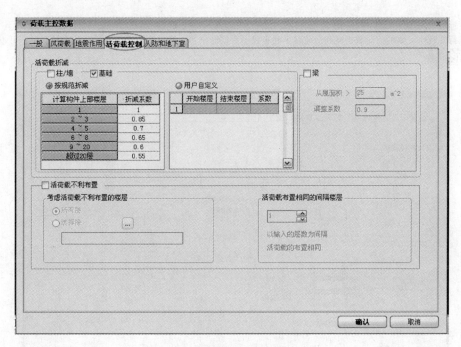

图 5-35　荷载控制-活荷载控制

注：1. 活荷载折减

"墙、柱"：程序默认为"折减"，一般不需要改。SATWE 根据《荷规》第 4.1.2 条第 2 款设置此选项，点选"折减"，程序会按照右侧输入的楼层折减系数进行活荷载折减，生成的墙、柱轴压比及配筋会比点选"不折减"稍微小一些。所以，当需要以结构偏安全性为先的时候，建议点选"不折减"；当需要以墙、柱尺寸和结构经济性为先的时候，建议点选"折减"。

"基础"：程序默认为"折减"，不需要改。SATWE 根据《荷规》第 4.1.2 条第 2 款设置此选项，点选"折减"，程序会按照右侧输入的楼层折减系数进行活荷载折减，生成传到底层的最大组合内力，但没有传到 JCCAD，JCCAD 读取的是程序计算后各工况的标准值。所以，当需要考虑传给基础的活荷载折减时，应到 JCCAD 的"荷载参数"中点选"自动按楼层折减活荷载"。

2. 柱、墙、基础活荷载折减系数

《建筑结构荷载规范》GB 50009—2012 第 5.1.2-2 条：

1）第 1（1）项应按表 5-4 规定采用；

2）第 1（2）～7 项应采用与其楼面梁相同的折减系数；

3）第 8 项对单向板楼盖应取 0.5；

对双向板楼盖和无梁楼盖应取 0.8；

4）第 9～13 项应采用与所属房屋类别相同的折减系数。

注：楼面梁的从属面积应按梁两侧各延伸二分之一梁间距的范围内的实际面积确定。

活荷载按楼层的折减系数　　　　　　　　　表 5-4

墙、柱、基础计算截面以上的层数	1	2～3	4～5	6～8	9～20	＞20
计算截面以上各楼层活荷载总和的折减系数	1.00 (0.90)	0.85	0.70	0.65	0.60	0.55

注：当楼面梁的从属面积超过 $25m^2$ 时，应采用括号内的系数。

3. 活荷载不利布置：

《高规》5.1.8 规定：高层建筑结构内力计算中，当楼面活荷载大于 $4kN/m^2$ 时，应考虑楼面活荷载不利布置引起的梁弯矩增大。默认所有层都考虑，点击"选择层"旁的按钮，在弹出的对话框中选择需要考虑活荷载不利布置的楼层号即可。

在实际工程中，梁的活荷载折减和活荷载不利布置不宜同时选用，所以当钩选了"活荷载折减"后，可以不钩选"活荷载不利布置"。

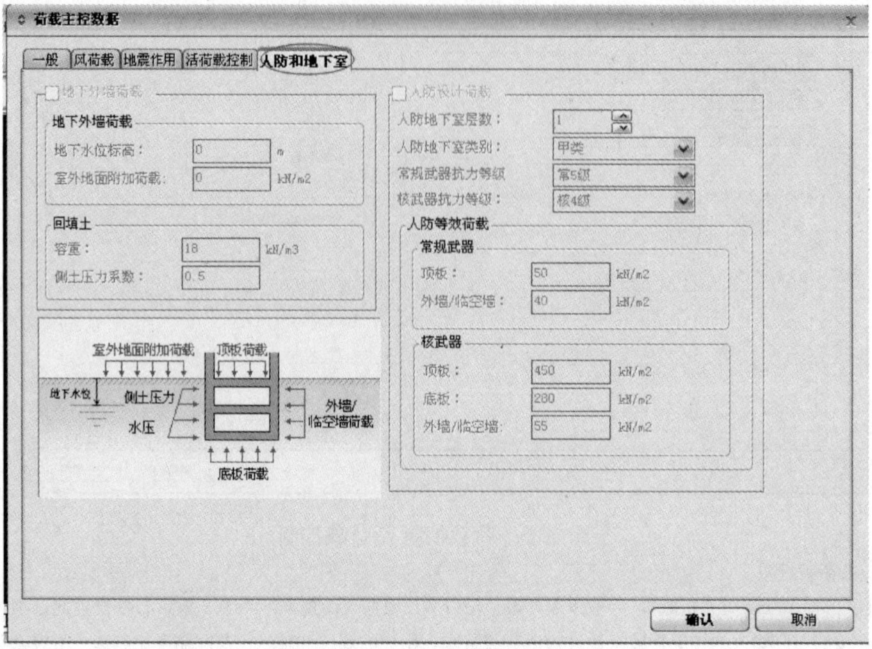

图 5-36 荷载控制-人防与地下室

注：1. 地下水位标高：以结构 0.00m 标高为准，高为正值，低为负值；

2. 回填土：

"容重"：用于计算地下室外墙侧土压力，默认值为 18kN/m³。

侧土压力系数：默认值为 0.5，建议一般不改。

该参数用来计算回填土对地下室外墙的水平压力。由于地下车库外墙在净高范围内的土压力由于墙顶部的位移可认为等于 0，因此应按静止土压力计算。根据《2003 技术措施》中 2.6.2 条，"地下室侧墙承受的土压力宜取静止土压力"，而静止土压力的系数可近似按 $K_0=1-\sin\varphi$（土的内摩擦角＝30°）计算。建议一般取默认值 0.5。当地下室施工采用护坡桩时，该值可乘以折减系数 0.66 后取 0.33。

注：手算时，回填土的侧压力宜按恒载考虑，分项系数根据荷载效应的控制组合取 1.2 或 1.35。

3. 人防设计荷载

人防地下室层数：设定人防设计的地下室层数。人防地下室是从地下室底部算起的。

人防地下室类别：分为甲级和乙级两类，具体内容可以参考"人防规范"第 1.0.4 条。

防常规武器抗力等级：分为 5 级和 6 级，具体内容参见"人防规范"第 1.0.2 条。

防核武器抗力等级：分为 4 级、4B 级、5 级和 6B 级，具体内容参见"人防规范"第 1.0.2 条。

4. 人防等效荷载

常规武器：分别输入顶板和外墙的竖向即水平等效人防荷载。具体可以"人防规范"第 4.7.2、4.7.3 条的规定。

核武器：分别输入顶板和外墙的竖向即水平等效人防荷载。具体可以"人防规范"第 4.8.2、4.8.3 和 4.8.5 条的规定。

5. 程序对地下室外墙的简化计算方法不能用于挡土墙设计。用户只有在菜单"结构→标准层和楼层"中，定义了地下室信息后，才可以编辑人防和地下室对话框中的参数。

（14）点击：分析设计→控制信息→控制信息，打开分析设计控制信息对话框，里面包含 4 个分项：控制信息、调整信息、设计信息、钢筋信息，如图 5-37～图 5-41 所示。

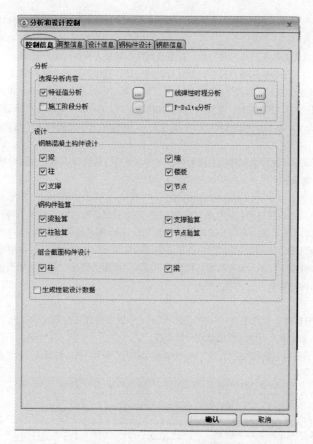

图 5-37 控制信息-控制信息

注：1. 钩选所需的分析项目：分析项目包括特征值分析、线弹性时程分析、施工阶段分析及 P-Delta 分析。

2. 特征值分析：又称为自由振动分析，点击特征值分析旁的按钮，弹出特征值分析控制对话框。

分析类型：程序提供两种常用的特征值分析方法：兰佐斯（Lanczos）法和子空间迭代法，默认为兰佐斯法。

频率数量：即设置需要计算的振型数量，有自动和用户定义两个选项。默认为自动，按规范要求设置振型质量参与吸收之和 90%，选择"用户定义"选项时，可以直接设置振型数量。当选择"子空间迭代法"时，不能选择"自动"选项。当选择"自动"选项时，程序会自动计算并增加振型数量，通常振型数量不能小于 3，且应为 3 的倍数。计算完成后，需要点击：结果→结构分析结果→振型（T）表格，查看"振型参数质量"中 DX，DY，RZ 的数值是否达到 90%，否则需要增加振型数量。

强制终止条件（最多振型数量）：为了提高计算效率即过滤掉无实际意义的高阶振型，需要定义中止分析的最多振型数。钩选该选项时，当程序增加振型数到定义的最多振型数时，程序会强制终止分析，避免进入死循环状态。

3. 线弹性时程分析

钩选该选项，可以做线弹性时程分析，前提是需要定义线弹性时程荷载数据，点击"线弹性时程分析"后面的按钮，或点击：荷载→时程荷载→荷载数据，弹出定义对话。

在进行时程分析之前，需要进行特征值分析，因此需要先定义特征值分析控制参数。点击"添加"按钮，添加时程分析荷载数据。

时程荷载数据名称，默认为 THLD1，用户可以自行修改，用于查看分析结果，一个荷载数据最好按规范要求至少有两个实测地震波和一个人工模拟波组成。地震波模式分为单向地震作用和多向地震作用两个选项；单向地震作用是，在两个水平方向和竖向地震作用中选择一个，而多向地震作用，是可以组合两个平动方向和一个竖向地震作用方向的地震作用。

一个时程分析数据中可以定义多个荷载工况，在后处理中可以以时程分析为单位查看分析结果，也可以以荷载工况为单位查看结果。应选择合适的地震波。单向地震波作用时，每个荷载工况只能使用一个地震波，多向地震作用时各方向可以使用不同的地震波。在输入水平地震作用角度时，因为要与反应谱分析的结果进行比较，所以输入的角度应该与反应谱荷载作用方向一致。时间增幅的大小对分析结果的精度有很大影响，通常取最大振型周期的 10%，且不小于荷载数据时间间隔的时间。

软件提供了振型叠加法和直接积分法两种方法；振型叠加法在解决大模型时效率较高，不能用于求解非线性动力分析问题。直接积分法可以用于非线性动力分析，但分析时间较长，直接积分的方法有很多，程序默认的直接积分方法为 Newmark-β 法的常加速度法；时间积分参数，用于可以输入 Newmark-β 法的 Gamma 和 Bete 两个参数值，提供常加速度、线性加速度和用户定义三种方法，当采用"常量加速度"时，Gamma 和 Bete 可分别填写：0.5 与 0.25，当采用"线性加速度"时，Gamma 和 Bete 可分别填写：0.5 与 1/6，该方法当世间间隔大于结构最小周期的 0.551 倍时，分析结果将发散。

计算阻尼方法：程序提供了振型阻尼和瑞利阻尼两种方法。分析方法选择振型叠加法时默认为振型阻尼法，分析方法为直接积分法时默认为瑞利阻尼（又称质量和刚度因子法）。

4. 施工阶段分析

《高规》5.1.9 规定：高层建筑结构在进行重力荷载作用效应分析时，柱、墙、斜撑等构件的轴向变形宜采用适当的计算模型考虑施工过程的影响。复杂高层建筑即房屋高度大于 150m 的其他高层建筑结构，应考虑施工过程的影响。

层增幅的设定通常为钢筋混凝土结构每次分析一层，钢结构每次分析 2 层；施工阶段中可以考虑的荷载为恒荷载 DL，分析结果保存在 DL 荷载工况中，每个阶段的模型使用增加层数后的模型，荷载适用当前阶段的荷载，最后结果为前面所有施工阶段的结构的累加。

5. P-Delte 分析

对结构进行 P-Delte 分析时，荷载工况，一般选择 P-Delte 分析中构成几何刚度的荷载工况，选择长期荷载作用（自重和其他恒荷载），在实际中，可以选择恒荷载与活荷载。

P-Delte 分析与施工阶段分析不能同时进行。P-Delte 分析结果适用于静力分析、特征值分析、反应谱分析、时程分析。

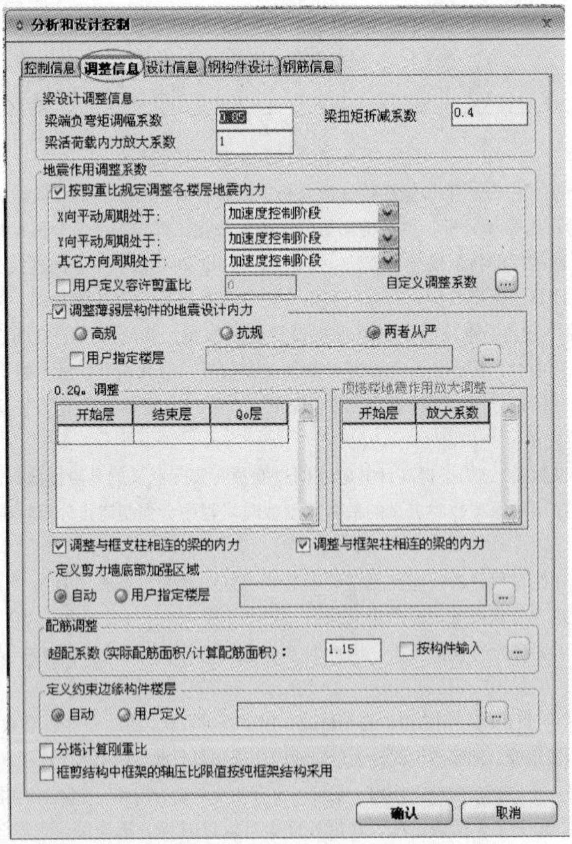

图 5-38　控制信息-调整信息

注：1. 梁端负弯矩调幅系数

现浇框架梁 0.8~0.9；装配整体式框架梁 0.7~0.8。

框架梁在竖向荷载作用下梁端负弯矩调整系数，是考虑梁的塑性内力重分布。通过调整使梁端负弯矩减小，跨中正弯矩加大（程序自动加）。梁端负弯矩调整系数一般取 0.85。

注意：① 程序隐含钢梁为不调幅梁；不要将梁跨中弯矩放大系数与其混淆。

② 弯矩调幅法是考虑塑性内力重分布的分析方法，与弹性设计相对；弯矩调幅法可以求得结构的经济，充分挖掘混凝土结构的潜力和利用其优点；弯矩调幅法可以使得内力均匀。对于承受动力荷载、使用上要求不出现裂缝的构件，要尽量少调幅。

③ 调幅与"强柱弱梁"并无直接关系，要保证强柱弱梁，强度是关键，刚度不是关键，即柱截面承载能力要大于梁（满足规范要求），在地震灾害地区的很多房屋，并没有出现预期的"强柱弱梁"，反而是"强梁弱柱"，是因为忽略了楼板钢筋参与负弯矩分配，还有其他原因，比如：梁端配筋时内力所用截面为矩形截面，计算结果并 T 形截面大、习惯性放大梁支座配筋及跨中配筋的纵筋 5%~10%、基于裂缝控制，两端配筋远大于计算配筋、未计入双筋截面及受压翼缘的有利影响，低估截面承载能力、施工原因。

2. 梁活荷载内力放大系数

用于考虑活荷载不利布置对梁内力的影响，将活荷载作用下的梁内力（包括弯矩、剪力、轴力）进行放大。一般工程建议取值 1.1~1.2。如果已考虑了活荷载不利布置，则应填 1。

3. 梁扭矩折减系数

现浇楼板（刚性假定）取值 0.4~1.0，一般取 0.4；现浇楼板（弹性楼板）取 1.0。

注意：程序规定对于不与刚性楼板相连的梁及弧梁不起作用。

4. 地震作用系数：

按抗震规范的剪重比规定（《抗规》5.2.5 条）调整各楼层地震内力，程序默认为此项钩选。

5. 调整薄弱层构件的地震设计内力

根据《抗规》第 3.4.3 条规定，对薄弱层内力进行调整；程序默认为自动，用户可以自行指定薄弱层进行调整。

《抗规》3.4.3 条列出了三种竖向不规则的类型，如表 5-5 所示，程序会根据表中列出的参考指标自动判断楼层是否为薄弱层，判断时，则对薄弱层的地震剪力乘以 1.15 的增大系数。

三种竖向不规则类型选取数值　　　　　　　　　　　　　表 5-5

不规则类型	定义和参考指标
侧向刚度不规则	该层的侧向刚度小于相邻上一层的 70%，或小于其上相邻三个楼层侧向刚度平均值的 80%
竖向抗侧力构件不连续	竖向抗侧力构件的内力由水平转换构件向下传递
楼层承载力突变	抗侧力结构的层间受剪承载力小于相邻上一楼层的 80%

6. $0.2Q_0$ 调整

为满足抗震设计时，框架剪力墙、框架核心筒中框架部分承担的剪力应大于总剪力的 20% 的规定，需要进行 $0.2Q_0$ 调整。用户定义调整的楼层即 Q_0 值所采用的楼层，程序对于不满足 $0.2Q_0$ 的楼层自动进行调整。

《抗规》6.2.13-1：侧向刚度沿竖向分布基本均匀的框架-抗震墙结构和框架-核心筒结构，任一层框架部分承担的剪力值，不应小于结构底部总地震剪力的 20% 和按框架-抗震墙结构、框架-核心筒结构计算的框架部分各楼层地震剪力中最大值 1.5 倍二者的较小值。

调整对象为框架-抗震墙结构、框架-核心筒结构中的框架柱的地震作用下的弯矩和剪力，其轴力不做调整；钢结构调整系数为 $0.25Q_0$。对有少量柱的剪力墙结构，让框架柱承担 20% 的基底剪力会使放大系数过大，以致框架梁、柱无法设计，所以 20% 的调整一般只用于主体结构。电梯机房，不属于调整范围。

7. 顶塔楼地震作用放大系数

《抗规》5.2.4：采用底部剪力法时，突出屋面的屋顶间、女儿墙、烟囱等的地震作用效应，宜乘以增大系数 3，此增大部分不应往下传递，但与该突出部分相连的构件应予计入；采用振型分解法时，突出屋面部分可作为一个质点；单层厂房突出屋面天窗架的地震作用效应的增大系数，应按本规范第 9 章的有关规定采用。

规范字面上理解可不用放大塔楼（建模时应将突出屋面部分同时输入）地震力，但审图公司往往会要求做一定放大，放大系数建议取 1.5。该参数对其他楼层及结构的位移比、周期比等无影响，是将顶层构件的地震内力标准值放大，进行内力组合及配筋。此系数仅放大顶塔楼的内力，并不改变其位移。可以通过此系数来放大结构顶部塔楼的地震内力，若不调整，则可将起算层号及放大系数均填为 0。该系数仅放大顶塔楼的地震内力，对位移没影响。

8. 调整地震荷载作用下与框支柱相连梁的弯矩、剪力

程序默认为不钩选，即不调整。只适用于框架梁，不适用于框支梁，只调整强轴弯矩和剪力。一般都不调整（按实际工程选），因为程序对框支柱的弯矩、剪力调整系数往往很大，若此时调整与框支柱相连的梁内力，会出现异常，《高规》10.2.17 条：框支柱剪力调整后，应相应调整框支柱的弯矩及柱端框架梁（不包括转换梁）的剪力、弯矩，但框支梁的剪力、弯矩和框支柱轴力可不调整。由于框支柱的内力调整幅度较大，若相应调整框架梁的内力，则有可能使框架梁设计不下来。

9. 剪力墙加强区域开始层

指定剪力墙加强区域起算楼层，程序默认为自动选取。当结构有地下室，且在"标准层和楼层-地下室信息"中定义了"解除横向约束层数"时，剪力墙加强层宜延伸至解除横向约束层以下一层顶板处。

10. 超配系数

默认值：1.15；不需改，只对一级框架结构或 9 度区起作用。对于 9 度设防烈度的各类框架和一级抗震等级的框架结构，剪力调整应按实配钢筋和材料强度标准值来计算。根据《抗规》6.2.2 条、6.2.5 条及《高规》6.2.1 条、6.2.3 条，一、二、三、四级抗震等级分别取 1.4、1.2、1.1 和 1.1。

由于程序在接<梁平法施工图>前并不知道实际配筋面积，所以程序将此参数提供给用户，由用户根据工程实际情况填写。程序根据用户输入的超配系数，并取钢筋超强系数（材料强度标准值与设计值的比值）为 1.1（330/300MPa＝1.1）。本参数只对一级框架结构或 9 度区框架起作用，程序可自动识别；当为其他类型结构时，也不需要用户手工修改为 1.0。

9 度及一级框架结构仅调整梁柱钢筋的超配系数是不全面的，按规范要求采用其他有效抗震措施。静力弹塑性及动力弹塑性分析时，超配系数用于计算非弹性铰特性值。

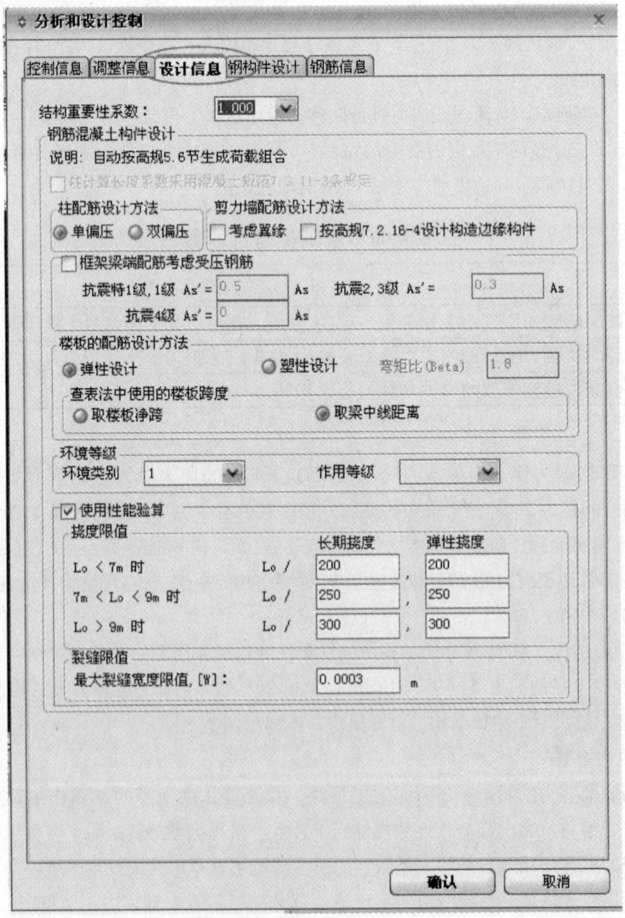

图 5-39　控制信息-设计信息

注：1. 结构重要性系数

应按《混规》第 3.3.2 条来确定。当安全等级为二级，设计使用年限 50 年，取 1.00。

2. 柱配筋设计方法

默认为按单偏压计算，一般不需要修改。〔单偏压〕在计算 X 方向配筋时不考虑 Y 向钢筋的作用，计算结果具有唯一性，详《混规》7.3 节；而〔双偏压〕在计算 X 方向配筋时考虑了 Y 向钢筋的作用，计算结果不唯一，详《混规》附录 F。建议采用〔单偏压〕计算，采用〔双偏压〕验算。《高规》6.2.4 条规定，"抗震设计时，框架角柱应按双向偏心受力构件进行正截面承载力设计"。

3. 剪力墙配筋设计方法

程序提供考虑翼缘的方法进行剪力墙配筋计算。默认为不钩选，不钩选时，程序自动按线墙的方法进行设计。

4. 楼板的配筋设计方法

选"弹性算法"则偏保守，可以选"塑性算法"，支座与跨中弯矩比可修改为 1.4，也可按程序的默认值 1.8。该值越小，则板端弯矩调幅越大，对于较大跨度的板，支座裂缝可能会过早开展，并可能跨中挠度较大。

5. 查表法中适用的楼板跨度

默认值为取楼板净跨。通常国外的软件会适用取梁中线距离来计算楼板跨度。

6. 环境类别和作用等级

《混规》3.5.2：混凝土结构暴露的环境类别应按表 5-6 的要求划分

混凝土结构的环境类别

表 5-6

环境类别	条 件
一	室内干燥环境； 无侵蚀性静水浸没环境
二 a	室内潮湿环境； 非严寒和非寒冷地区的露天环境； 非严寒和非寒冷地区与无侵蚀性的水或土壤直接接触的环境； 严寒和寒冷地区的冰冻线以下与无侵蚀性的水或土壤直接接触的环境
二 b	干湿交替环境； 水位频繁变动环境； 严寒和寒冷地区的露天环境； 严寒和寒冷地区冰冻线以上与无侵蚀性的水或土壤直接接触的环境
三 a	严寒和寒冷地区冬季水位变动区环境； 受除冰盐影响环境； 海风环境
三 b	盐渍土环境； 受除冰盐作用环境； 海岸环境
四	海水环境
五	受人为或自然的侵蚀性物质影响的环境

7. 适用性能验算

程序提供构件的正常使用性能验算功能，当钩选该选项时，程序自动计算构件的挠度和裂缝宽度，并根据规范规定的限值输出验算结果。

8. 按照高钢规进行构件设计：

程序默认钩选该选项。即自动使用《高层民用建筑钢结构技术规程》JGJ 99—98 进行设计。不钩选时，按照《钢结构设计规范》GB 50017—2003 进行设计。高层钢结构，宜钩选该选项；对于多层钢结构，可不钩选。

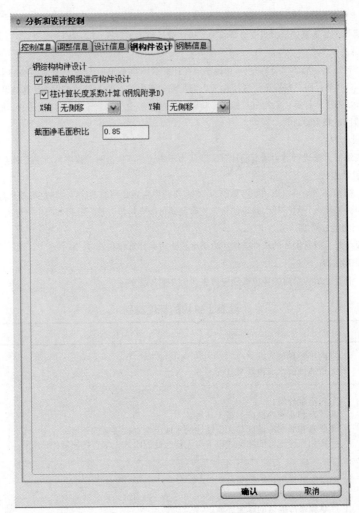

图 5-40　控制信息-钢结构设计

注：1. 柱计算长度系数计算

程序默认钩选该选项，即按照《钢结构设计规范》GB 50017—2003 附录 D 计算柱的计算长度系数。用户通过选择 X、Y 轴的侧移情况来计算柱构件强轴和弱轴计算长度。

2. 截面净毛面积比

一般可填写 0.85，按默认值。

"混规" 8.2.1 条文说明：从混凝土碳化、脱钝和钢筋锈蚀的耐久性角度考虑，不再以纵向受力钢筋的外缘，而以最外层钢筋（包括箍筋、构造筋、分布筋等）的外缘计算混凝土保护层厚度。因此本次修订后的保护层实际厚度比原规范实际厚度有所加大。

（15）分析设计

点击：分析设计→运行→分析设计，进行分析设计，分析设计结束后，进入到后处理视图，如图 5-42 所示。

（16）计算结果查看

结构大师能够提供图形、动画、文本、网页等多种形式的结果，满足用户的不同要求。点击：结果→结构分析结果→反力/位移/振型，用户可以整体结构的反力/位移/自振模态的图形显示及表格显示结果，如图 5-43 所示。

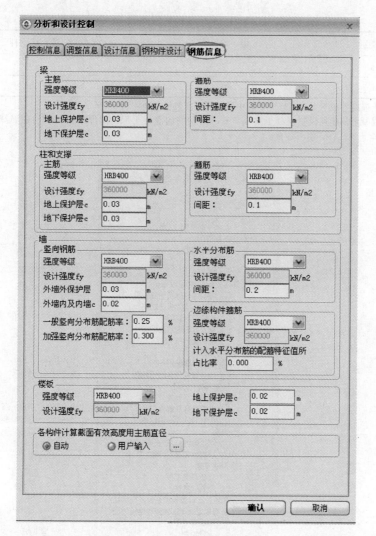

图 5-41 控制信息-钢筋信息

注：1. 构件钢筋强度等级一般实际工程填写，取 HRB400 居多。

2. 一、二、三级抗震墙的竖向和横向分布钢筋最小配筋率均不应小于 0.25%，四级抗震墙分布钢筋最小配筋率不应小于 0.20%。高度小于 24m 且剪压比很小的四级抗震墙，其竖向分布筋的最小配筋率应允许按 0.15% 采用。部分框支抗震墙结构的落地抗震墙底部加强部位，竖向和横向分布钢筋配筋率不应小于 0.3%。

3.《混规》第 8.2.1 条：构件中普通钢筋及预应力筋的混凝土保护层厚度应满足下列要求。

① 构件中受力钢筋的保护层厚度不应小于钢筋的公称直径 d；

② 设计使用年限为 50 年的混凝土结构，最外层钢筋的保护层厚度应符合表 5-7 的规定；设计使用年限为 100 年的混凝土结构，最外层钢筋的保护层厚度不应小于表 5-7 中数值的 1.4 倍。

混凝土保护层的最小厚度 c（mm） 表 5-7

环境类别	板、墙、壳	梁、柱、杆
一	15	20
二 a	20	25
二 b	25	35

环境类别	板、墙、壳	梁、柱、杆
三 a	30	40
三 b	40	50

注：1. 混凝土强度等级不大于 C25 时，表中保护层厚度数值应增加 5mm；
　　2. 钢筋混凝土基础宜设置混凝土垫层，基础中钢筋的混凝土保护层厚度应从垫层顶面算起，且不应小于 40mm。

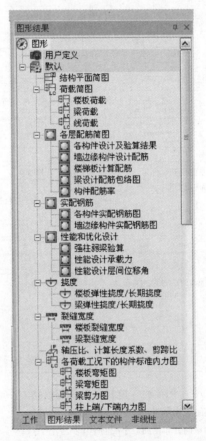

图 5-42　后处理界面

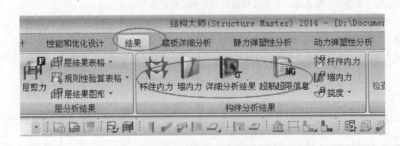

图 5-43　结构自振模态的图形显示结果

　　点击：结果→构件分析结果→杆件内力，用户可以查看具体荷载工况/荷载组合下的各杆件内力。

点击：结果→批量输出→计算书，用户可以批量生成图形即文本形式的计算书，如图 5-44、图 5-45 所示。

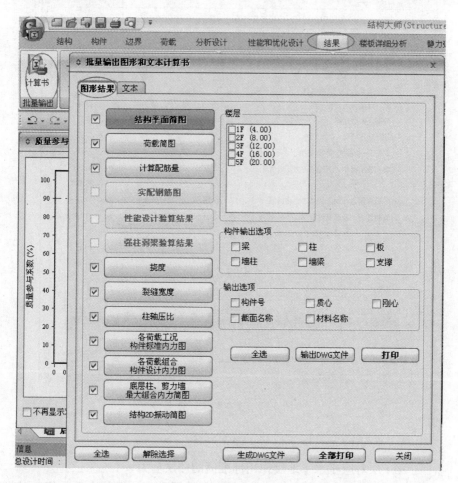

图 5-44　图形结果计算书

计算结果分析与调整：

《高规》2.1.1：高层建筑 tall building，high-rise building，10 层及 10 层以上或房屋高度大于 28m 的住宅建筑和房屋高度大于 24m 的其他高层民用建筑。本框架教学楼属于多层结构，由于"轴压比"、"位移比"、"剪重比"、"楼层侧向刚度比"、"受剪承载力比""弹性层间位移角"这六个指标"抗规"、"高规"都有明确的规定，所以多层结构应按照"抗规"要求控制这六个指标；"周期比"、"刚重比"只在"高规"中规定，对于多层结构，"周期比"可根据具体情况适当放宽，"刚重比"可按照"高规"控制。

1. 剪重比

剪重比即最小地震剪力系数 λ，主要是控制各楼层最小地震剪力，尤其是对于基本周期大于 3.5s 的结构，以及存在薄弱层的结构。

（1）规范规定

《抗规》5.2.5：抗震验算时，结构任一楼层的水平地震剪力应符合下式要求：

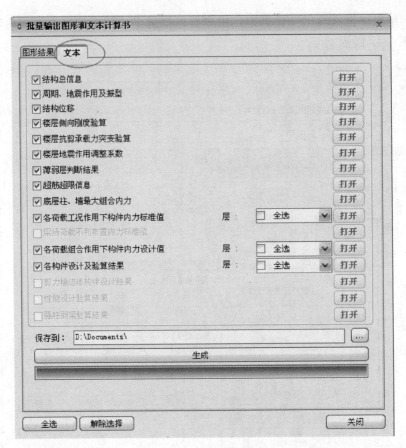

图 5-45　文本结果计算书

$$V_{eki} > \lambda \sum_{j=i}^{n} G_j \qquad (5\text{-}1)$$

式中　V_{eki}——第 i 层对应于水平地震作用标准值的楼层剪力；

　　　　λ——剪力系数，不应小于表 1-13 规定的楼层最小地震剪力系数值，对竖向不规则结构的薄弱层，尚应乘以 1.15 的增大系数；

　　　　G_j——第 j 层的重力荷载代表值。

（2）剪重比不满足规范规定时的调整方法程序调整

在 SATWE 的"调整信息"中钩选"按《抗规》5.2.5 调整各楼层地震内力"后，SATWE 按《抗规》5.2.5 自动将楼层最小地震剪力系数直接乘以该层及以上重力荷载代表值之和，用以调整该楼层地震剪力，以满足剪重比要求。

调整信息中提供了强、弱轴方向动位移比例，当剪重比满足规范要求时，可不对此参数进行设置。若不满足就分别用 0，0.5，1.0 这几个规范指定的调整系数来调整剪重比。如果平动周期＜特征周期，处于加速度控制段，则各层的剪力放大系数相同，此时动位移比例填 0；如果特征周期≤平动周期≤5 倍特征周期，处于速度控制段，此时动位移比例可填 0.5；如果平动周期＞5 倍特征周期，处于位移控制段，此时动位移比例可填 1。

注：弱轴就是指结构长周期方向，强轴指短周期方向，分别给定强、弱轴两个系数，方便对两个方向采用有可能不同的调整方式，对于多塔的情况，比较复杂，只能通过自定义调整系数的方式来进行剪重比调整。

1) 人工调整

如果需人工干预，可按下列三种情况进行调整：

① 当地震剪力偏小而层间侧移角又偏大时，说明结构过柔，宜适当加大墙、柱截面，提高刚度；

② 当地震剪力偏大而层间侧移角又偏小时，说明结构过刚，宜适当减小墙、柱截面，降低刚度以取得合适的经济技术指标；

③ 当地震剪力偏小而层间侧移角又恰当时，可在 SATWE 的"调整信息"中的"全楼地震作用放大系数"中输入大于 1 的系数增大地震作用，以满足剪重比要求。

2) 小结

先不钩选"按抗震规范 5.2.5 调整各楼层地震内力"查看剪重比，若剪重比不满足，与程序计算有关（比真实受力要小），也可能与结构布置有关，在设计时，既要适当放大地震力，同时也要调整结构布置。剪重比不满足要求时，可能是计算二层层高或荷载远大于计算一层，如无地下室，可以加大基础埋深（即增加计算一层层高），如有地下室，可增加刚度同时设法减小上部结构自重。

（3）设计时要注意的一些问题

1) 对高层建筑而言，结构剪重比一般底层最小，顶层最大，故实际工程中，结构剪重比一般由底层控制。剪重比与结构扭转变形关系很大。

2) 剪重比不满足要求时，首先要检查有效质量系数是否达到 90%。剪重比是反映地震作用大小的重要指标，它可以由"有效质量系数"来控制，当"有效质量系数"大于 90%时，可以认为地震作用满足规范要求，若没有，则有以下几个方法：①查看结构空间振型简图，找到局部振动位置，调整结构布置或采用强制刚性楼板，过滤掉局部振动；②由于有局部振动，可以增加计算振型数，采用总刚分析；③剪重比仍不满足时，对于需调整楼层层数较少（不超过楼层总数的 1/3），且剪重比与规范限值相差不大（不小于规范限值的 80%，或地震剪力调整系数不大于 1.2~1.3）时，可以通过选择 SATWE 的相关参数来达到目的。

3) 控制剪重比的根本原因在于建筑物周期很长的时候，由振型分解法所计算出的地震效应会偏小。剪重比与抗震设防烈度、场地类别、结构形式和高度有关，对于一般多、高层建筑，最小的剪重比值往往容易满足，高层建筑，由于结构布置原因，可能出现底部剪重比偏小的情况，在满足规范规定时，没必要刻意去提高，规范规定剪重比主要是增加结构的安全储备。

4) 4%左右的剪重比对多层框架结构应该是合理的。结构体系对剪重比的计算数值影响较大，矮胖型的钢筋混凝土框架结构一般剪重比比较大，体型纤细的长周期高层建筑一般剪重比会比较小。

2. 周期比

（1）规范规定

《高规》3.4.5：结构扭转为主的第一自振周期 T_t 与平动为主的第一自振周期 T_1 之比，A 级高度高层建筑不应大于 0.9，B 级高度高层建筑、超过 A 级高度的混合结构及本规程第 10 章所指的复杂高层建筑不应大于 0.85。

（2）周期比不满足规范规定时的调整方法

① 程序调整：SATWE 程序不能实现。

② 人工调整：人工调整改变结构布置，提高结构的扭转刚度。总的调整原则是加强结构外围墙、柱或梁的刚度（减小第一扭转周期），适当削弱结构中间墙、柱的刚度（增大第一平动周期）。周边布置要均匀、对称、连续，有较大凹凸的部位加拉梁等（减小变形）。

③ 当不满足周期比时，若层位移角控制潜力较大，宜减小结构内部竖向构件刚度，增大平动周期；当不满足周期比时，且层位移角控制潜力不大，应检查是否存在扭转刚度特别小的楼层，若存在则应加强该楼层（构件）的抗扭刚度；当周期比不满足规范要求且层位移角控制潜力不大，各层抗扭刚度无突变时，则应加大整个结构的抗扭刚度。

（3）设计时要注意的一些问题

① 控制周期比主要是为了控制当相邻两个振型比较接近时，由于振动耦联，结构的扭转效应增大。周期比不满足要求时，一般只能通过调整平面布置来改善，这种改变一般是整体性的。局部小的调整往往收效甚微。周期比不满足要求，说明结构的扭转刚度相对于侧移刚度较小，调整原则是加强结构外部，或者虚弱内部。

② 周期比是控制侧向刚度与扭转刚度之间的一种相对关系，而非其绝对大小，它的目的是使抗侧力构件的平面布置更有效、更合理，使结构不至于出现过大的扭转效应，控制周期比不是要求结构是否足够结实，而是要求结构承载布局合理。多层结构一般不要求控制周期比，但位移比和刚度比要控制，避免平面和竖向不规则，以及进行薄弱层验算。

③ 一般情况下，周期最长的扭转振型对应第一扭转周期 T_t，周期最长的平动振型对应第一平动周期 T_1，但也要查看该振型基底剪力是否比较大，在"结构整体空间振动简图"中，是否能引起结构整体振动，局部振动周期不能作为第一周期。当扭转系数大于 0.5 时，可认为该振型是扭转振型，反之为平动振型。

④ 对于某个特定的地震作用引起的结构反应而言，一般每个参与振型都有着一定的贡献，贡献最大的振型就是主振型；贡献指标的确定一般有两个，一是基底剪力的贡献大小，二是应变能的贡献大小。基底剪力贡献大小比较直观，容易接受。结构动力学认为，结构的第一周期对应的振型所需的能量最小，第二周期所需要的能量次之，依次往后推，而由反应谱曲线可知，第一振型引起的基底反力一般来说都比第二振型引起的基底反力要小，因为过了 T_g，反应谱曲线是下降的。无论是结构动力学还是反应谱曲线分析方法，都是花最小的"代价"激活第一周期。

多层结构，宜满足周期比，但《高规》中不是限值。满足有困难时，可以不满足，但第一振型不能出现扭转。高层结构：应满足周期比。在一定的条件下，也可以突破规范的限值。当层间位移角不大于规范限值的 40%，位移角小于 1.2 时，其限值可以适当放松，但不应超过 0.95。平动成分超过 80% 就是比较纯粹的平动。

⑤ 周期比其实是小震不坏、大震不倒的一个抗震措施。对于小震可以按弹性计算，对于大震无法按弹性计算，通常只有通过这些措施来控制结构的大震不倒。小震时如果位移比过大，并且扭转周期比过大，在大震的时候就容易出现边跨构件位移过大而破坏，风荷载的计算机理完全是另外一种方法，是实实在在荷载，按弹性状态来进行设计的。周期比是抗震的控制措施，非抗震时可不用控制。

⑥ 对于位移比和周期等控制应尽量遵循实事，而不是一味要求"采用刚性板假定"。不用刚性板假定，实际周期可能由于局部振动或构比较弱，周期可能较长，周期比也没有意义，但不代表有意义的比值就是真实周期体现。在设计时，可以采用弹性板计算结构的

周期，但要区分哪些是局部振动或较弱构件的周期，因为其意义不大。当然也可以采用刚性楼板假定去过滤掉那些局部振动或较弱构件的周期，前提条件是结构楼板的假定符合刚性楼板假定，当不符合时，应采用一定的构造措施符合。

（4）周期比超限实例分析

实例1：

一栋24层剪力墙结构，第二振型是扭转，第一振型平动系数是1.0，第二振型平动系数是0.3，第三振型平动系数是0.7；第三振型转角1.97°，第二振型转角2.13°，第一振型转角91.20°。

分析：

（1）第二振型为扭转，说明结构沿两个主轴方向的侧移刚度相差较大，结构的扭转刚度相对其中一主轴（第一振型转角方向）的侧移刚度是合理的；但相对于另一主轴（第三振型转角方向）的侧移刚度则过小，此时宜适当削弱结构内部沿"第三振型转角方向"的刚度，并适当加强结构外围（主要是沿第三振型转角方向）的刚度。

（2）第三振型转角1.97°，靠近X轴；第一振型转角91.20°，靠近Y轴；先看下位移比、周期比，如果位移比不大，可以增大小结构外围X方向的刚度，适当削弱内部沿X方向的刚度（墙肢变短、开洞等）。

（3）"平1"、"扭"、"平2"。"扭"没有跑到"平1"前，说明"平1"方向的扭转周期小于"平1"方向的平动周期，即"平1"方向的扭转刚度足够；加强"平2"方向外围的墙体，扭转刚度比平动刚度增大的更快，于是扭转周期跑到了"平2"后面，即"平平扭"。

注："平1"：第一平动周期；"平2"：第二平动周期；"扭"：第一扭转周期。

实例2：

某32层剪力墙结构，第一周期出现了扭转。

考虑扭转耦联时的振动周期（秒）、X，Y方向的平动系数、扭转系数

振型号	周期	转角	平动系数（X+Y）	扭转系数
1	3.1669	178.85	0.49 (0.49+0.00)	0.51
2	2.8769	89.08	1.00 (0.00+1.00)	0.00
3	2.5369	179.31	0.51 (0.51+0.00)	0.49
4	0.9832	179.33	0.62 (0.62+0.00)	0.38
5	0.8578	89.11	1.00 (0.00+1.00)	0.00
6	0.7805	178.74	0.38 (0.38+0.00)	0.62
7	0.4984	179.59	0.73 (0.73+0.00)	0.27
8	0.4126	89.04	1.00 (0.00+1.00)	0.00
9	0.3842	177.54	0.27 (0.27+0.00)	0.73
10	0.3072	179.72	0.79 (0.79+0.00)	0.21
11	0.2446	89.10	1.00 (0.00+1.00)	0.00
12	0.2302	176.67	0.21 (0.20+0.00)	0.79
13	0.2109	179.79	0.83 (0.83+0.00)	0.17
14	0.1653	89.25	1.00 (0.00+1.00)	0.00
15	0.1558	179.61	0.68 (0.68+0.00)	0.32

地震作用最大的方向＝－85.950（度）

分析：

1. 关键在于调整构件的布置，使得水平面 X、Y 方向的两侧刚度均匀且"强外弱内"。第一周期为扭转振型，转角接近于 180°，则应加强 X 方向外围刚度，使得扭 X 方向扭转刚度增加。

2. 平动周期不纯时，应查看该平动周期的转角，确定是 X 方向还是 Y 刚度两侧刚度不均匀。有一个直观的方法，在 SATWE 后处理-图形文件输出中点击【结构整体空间振动简图】，点击"改变视角"，切换为俯视，选择相应的 1，2 振型查看，通过查看整体震动可以判断哪个方向比较弱，然后相应加强弱的一边或者减弱强的一边。平动周期不纯的本质在于 X 或 Y 方向两侧刚度不均匀（相差太大）。

3. 位移比

（1）规范规定

《高规》3.4.5：结构平面布置应减少扭转的影响。在考虑偶然偏心影响的规定水平地震力作用下，楼层竖向构件最大的水平位移和层间位移，A 级高度高层建筑不宜大于该楼层平均值的 1.2 倍，不应大于该楼层平均值的 1.5 倍；B 级高度高层建筑、超过 A 级高度的混合结构及本规程第 10 章所指的复杂高层建筑不宜大于该楼层平均值的 1.2 倍，不应大于该楼层平均值的 1.4 倍。

注：当楼层的最大层间位移角不大于本规程第 3.7.3 条规定的限值的 40% 时，该楼层竖向构件的最大水平位移和层间位移与该楼层平均值的比值可适当放松，但不应大于 1.6。

（2）位移比和位移角计算书位移比不满足规范规定时的调整方法

① 程序调整：SATWE 程序不能实现。

② 人工调整：改变结构平面布置，加强结构外围抗侧力构件的刚度，减小结构质心与刚心的偏心距。点击【SATWE/分析结果图形和文本显示/文本文件输出/结构位移】，找出看到的最大的位移比，记住该位移比所在的楼层号及对应的节点编号。点击【SATWE/分析结果图形和文本显示/各层配筋构件编号简图】，在右边菜单中点击【换层显示】，切换到最大位移比所在的楼层号，然后点击【搜索构件/节点】，输入记下的编号，程序会自动显示该节点的位置，再加强该节点对应的墙、柱等构件的刚度。

（3）设计时要注意的一些问题

① 位移比即楼层竖向构件的最大水平位移与平均水平位移的比值。层间位移比即楼层竖向构件的最大层间位移角与平均层间位移角的比值；最大位移 Δ_u 以楼层最大的水平位移差计算，不扣除整体弯曲变形。位移比是考察结构扭转效应，限制结构实际的扭转的量值。扭转所产生的扭矩，以剪应力的形式存在，一般构件的破坏准则通常是由剪切决定的，所以扭转比平动危害更大。

② 刚心质心的偏心大小并不是扭转参数是否能调合理的主要因素。判断结构扭转参数的主要因素不是刚心质心是否重合，而是由结构抗扭刚度和因刚心质心偏心产生的扭转效应的比值来决定的。换而言之，就是虽然刚心质心偏心比较大，但结构的抗扭刚度更大，足以抵抗刚心质心偏心产生的扭转效应。所以调整结构的扭转参数的重点不是非要把刚心和质心调完全重合（实际工程这种可能性是比较小的），重点在于调整结构抗扭刚度和因刚心质心偏心产生的扭转效应的比值，同时兼顾调整刚心和质心的偏心。

③ 验算位移比时一般应选择"强制刚性楼板假定"，但目的是为了有一个量化参考标准，

而不是这样的概念才是正确，软件设置需要一个包络设计，能涵盖大部分结构工程，而且符合规范要求。做设计时，应尽量遵循实事求是的原则，而不是一味要求"采用刚性板假定"，对于有转换层等复杂高层建筑，由于采用刚性楼板假定可能会失真，不宜采用刚性楼板的假定。当结构凹凸不规则或楼板局部不连续时，应采用符合楼板平面内实际刚度变化的计算模型或者采取一定的构造措施符合刚性楼板假定。位移比应考虑偶然偏心、不考虑双向地震作用。验算位移比应之前，周期需要按 WZQ 重新输入，并考虑周期折减系数。

④ 位移比其实是小震不坏，大震不倒的一个抗震措施。对于小震可以按弹性计算，对于大震无法按弹性计算，通常只有通过这些措施来控制结构的大震不倒。小震时如果位移比过大，并且扭转周期比过大，在大震的时候就容易出现边跨构件位移过大而破坏，风荷载的计算机理完全是另外一种方法，是实实在在荷载，按弹性状态来进行设计的，位移比大也可能（一般不用管风荷载作用下的位移比），算出来边跨结构构件的力就大，构件相应满足计算要求就是。位移比是抗震的控制措施，非抗震时可不用控制。

⑤《抗规》3.4.3 和《高规》3.4.5 对"扭转不规则"采用"规定水平力"定义，其中《抗规》条文："在规定水平力下楼层的最大弹性水平位移或（层间位移），大于该楼层两端弹性水平位移（或层间位移）平均值的 1.2 倍"。根据 2010 版抗震规范，楼层位移比不再采用根据 CQC 法直接得到的节点最大位移与平均位移比值计算，而是根据给定水平力下的位移计算。CQC-complete quaddratic combination，即完全二次项组合方法，其不光考虑到各个主振型的平方项，而且还考虑到耦合项，将结构各个振型的响应在概率的基础上采用完全二次方开方的组合方式得到总的结构响应，每一点都是最大值，可能出现两端位移大，中间位移小，所以 CQC 方法计算的结构位移比可能偏小，有时不能真实地反映结构的扭转不规则。

4. 弹性层间位移角

（1）规范规定

《高规》3.7.3：按弹性方法计算的风荷载或多遇地震标准值作用下的楼层层间最大水平位移与层高之比 Δ_u/h 宜符合下列规定：

高度不大于 150m 的高层建筑，其楼层层间最大位移与层高之比 Δ_u/h 不宜大于表 5-8 的限值。

楼层层间最大位移与层高之比的限值 表 5-8

结构体系	Δ_u/h 限值
框架	1/550
框架-剪力墙、框架-核心筒、板柱-剪力墙	1/800
筒中筒、剪力墙	1/1000
除框架结构外的转换层	1/1000

（2）弹性层间位移角不满足规范规定时的调整方法

弹性层间位移角不满足规范要求时，位移比、周期比等也可能不满足规范要求，可以加强结构外围墙、柱或梁的刚度，同时减弱结构内部墙、柱或梁的刚度或直接加大侧向刚度很小的构件的刚度。

（3）设计时要注意的一些问题

① 限制弹性层间位移角的目的有两点，一是保证主体结构基本处于弹性受力状态，

避免混凝土墙柱出现裂缝，控制楼面梁板的裂缝数量、宽度。二是保证填充墙、隔墙、幕墙等非结构构件的完好，避免产生明显的损坏。

② 当结构扭转变形过大时，弹性层间位移角一般也不满足规范要求，可以通过提高结构的抗扭刚度减小弹性层间位移角。

③ 高层剪力墙结构弹性层间位移角一般控制在 1/1100 左右（10% 的余量），不必刻意追求此指标，关键是结构布置要合理。

④ "弹性层间位移角" 计算时只需考虑结构自身的扭转耦联，不考虑偶然偏心与双向地震作用，《高规》并没有强制规定层间位移角一定要是刚性楼板假定下的，但是对于一般的结构采用现浇钢筋混凝土楼板和有现浇面层的预制装配式楼板，在无削弱的情况下，均可视为无限刚性楼板，弹性板与刚性板计算弹性层间位移角对于大多数工程，差别不大（弹性板计算时稍微偏保守），选择刚性楼板进行计算，首先理论上有所保证，其次计算速度快，第三经过大量工程检验。弹性方法计算与采用弹性楼板假定进行计算完全不是一个概念，弹性方法就是构件按弹性阶段刚度，不考虑塑性变形，其得到的位移也就是弹性阶段的位移。

5. 轴压比

（1）基本概念

柱子轴压比：柱组合的轴压力设计值与柱的全截面面积和混凝土轴心抗压强度设计值乘积之比值。

墙肢轴压比：重力荷载代表值作用下墙肢承受的轴压力设计值与墙肢的全截面面积和混凝土轴心抗压强度设计值乘积之比值。

（2）规范规定

《抗规》6.3.6：柱轴压比不宜超过表 5-9 的规定；建造于 Ⅳ 类场地且较高的高层建筑，柱轴压比限值应适当减小。

柱轴压比限值 表 5-9

结构类型	抗震等级			
	一	二	三	四
框架结构	0.65	0.75	0.85	0.90
框架-抗震墙，板柱-抗震墙、框架-核心筒及筒中筒	0.75	0.85	0.90	0.95
部分框支抗震墙	0.6	0.7	—	

注：1. 轴压比指柱组合的轴压力设计值与柱的全截面面积和混凝土轴心抗压强度设计值乘积之比值；对本规范规定不进行地震作用计算的结构，可取无地震作用组合的轴力设计值计算；

2. 表内限值适用于剪跨比大于 2、混凝土强度等级不高于 C60 的柱；剪跨比不大于 2 的柱，轴压比限值应降低 0.05；剪跨比小于 1.5 的柱，轴压比限值应专门研究并采取特殊构造措施；

3. 沿柱全高采用井字复合箍且箍筋肢距不大于 200mm、间距不大于 100mm、直径不小于 12mm，或沿柱全高采用复合螺旋箍、螺旋间距不大于 100mm、箍筋肢距不大于 200mm、直径不小于 12mm，或沿柱全高采用连续复合矩形螺旋箍、螺旋净距不大于 80mm、箍筋肢距不大于 200mm、直径不小于 10mm，轴压比限值均可增加 0.10；上述三种箍筋的最小配箍特征值均应按增大的轴压比由本规范表 6.3.9 确定；

4. 在柱的截面中部附加芯柱，其中另加的纵向钢筋的总面积不少于柱截面面积的 0.8%，轴压比限值可增加 0.05；此项措施与注 3 的措施共同采用时，轴压比限值可增加 0.15，但箍筋的体积配箍率仍可按轴压比增加 0.10 的要求确定；

5. 柱轴压比不应大于 1.05。

《高规》7.2.13：重力荷载代表值作用下，一、二、三级剪力墙墙肢的轴压比不宜超过表 5-10 的限值。

剪力墙墙肢轴压比限值   表 5-10

抗震等级	一级（9度）	一级（6、7、8度）	二、三级
轴压比限值	0.4	0.5	0.6

注：墙肢轴压比是指重力荷载代表值作用下墙肢承受的轴压力设计值与墙肢的全截面面积和混凝土轴心抗压强度设计值乘积之比值。

（3）轴压比不满足规范规定时的调整方法

① 程序调整：SATWE 程序不能实现。

② 人工调整：增大该墙、柱截面或提高该楼层墙、柱混凝土强度等级，箍筋加密等。

（4）设计时要注意的一些问题

① 抗震等级越高的建筑结构或构件，其延性要求也越高，对轴压比的限制也越严格，比如框支柱、一字形剪力墙等。抗震等级低或非抗震时可适当放松对轴压比的限制，但任何情况下不得小于 1.05。

② 通常验算底截面墙柱的轴压比，当截面尺寸或混凝土强度等级变化时，还应验算该位置的轴压比。试验证明，混凝土强度等级，箍筋配置的形式与数量，均与柱的轴压比有密切的关系，因此，规范针对不同的情况，对柱的轴压比限值作了适当的调整。

③ 柱轴压比的计算在"高规"和"抗规"中的规定并不完全一样，《抗规》第 6.3.6 条规定，计算轴压比的柱轴力设计值既包括地震组合，也包括非地震组合，而《高规》第 6.4.2 条规定，计算轴压比的柱轴力设计值仅考虑地震作用组合下的柱轴力。软件在计算柱轴压比时，当工程考虑地震作用，程序仅取地震作用组合下的柱轴力设计值计算，而对于非地震组合产生的轴力设计值则不予考虑；当该工程不考虑地震作用时，程序才取非地震作用组合下的柱轴力设计值计算，这也是在设计过程中有时会发现程序计算轴压比的轴力设计值不是最大轴力的主要原因。

从概念上讲，轴压比仅适用于抗震设计，当为非抗震设计时，剪力墙在 PKPM 中显示的轴压比为"0"。当结构恒载或活载比较大时，地震组合下轴压比有可能小于非抗震组合下的轴压比，所以在设计时，对于地震组合内力不起控制作用时，特别是那些恒载或活载比较大的结构，框架柱轴压比要留有余地。

④ 柱截面种类不宜太多是设计中的一个原则，在柱网疏密不均的建筑中，某根柱或为数不多的若干根柱由于轴力大而需要较大截面，如果将所有柱截面放大以求统一，会增加柱用钢量，可以对个别柱的配筋采用加芯柱、加大配箍率甚至加大主筋配筋率以提高其轴压比，从而达到控制其截面的目的。

⑤ 程序计算柱轴压比时，有时候数字按规范要求并没有超限，但是程序也显示红色，这是因为随着柱的剪跨比的不同或降低，轴压比限值也要降低。

6. 楼层侧向刚度比

（1）规范规定

《高规》3.5.2：抗震设计时，高层建筑相邻楼层的侧向刚度变化应符合下列规定：

① 对框架结构，楼层与其相邻上层的侧向刚度比 λ_1 可按式（5-2）计算，且本层与相邻上层的比值不宜小于 0.7，与相邻上部三层刚度平均值的比值不宜小于 0.8。

$$\lambda_1 = \frac{V_i \Delta_{i+1}}{V_{i+1} \Delta_i} \tag{5-2}$$

式中　λ_1——楼层侧向刚度比；

V_i、V_{i+1}——第 i 层和第 $i+1$ 层的地震剪力标准值（kN）；

Δ_i、Δ_{i+1}——第 i 层和 $i+1$ 层在地震作用标准值作用下的层间位移（m）。

② 对框架-剪力墙、板柱-剪力墙结构、剪力墙结构、框架-核心筒结构、筒中筒结构、楼层与其相邻上层的侧向刚度比 λ_2 可按式（5-3）计算，且本层与相邻上层的比值不宜小于 0.9；当本层层高大于相邻上层层高的 1.5 倍时，该比值不宜小于 1.1；对结构底部嵌固层，该比值不宜小于 1.5。

$$\lambda_2 = \frac{V_i \Delta_{i+1}}{V_{i+1} \Delta_i} \frac{h_i}{h_{i+1}} \tag{5-3}$$

式中　λ_2——考虑层高修正的楼层侧向刚度比。

《高规》5.3.7：高层建筑结构整体计算中，当地下室顶板作为上部结构嵌固部位时，地下一层与首层侧向刚度比不宜小于 2。

《高规》10.2.3：转换层上部结构与下部结构的侧向刚度变化应符合本规程附录 E 的规定。

当转换层设置在 1、2 层时，可近似采用转换层与其相邻上层结构的等效剪切刚度比 γ_{e1} 表示转换层上、下层结构刚度的变化，γ_{e1} 宜接近 1，非抗震设计时 γ_{e1} 不应小于 0.4，抗震设计时 γ_{e1} 不应小于 0.5。γ_{e1} 可按下列公式计算：

$$\gamma_{e1} = \frac{G_1 A_1}{G_2 A_2} \times \frac{h_2}{h_1} \tag{5-4}$$

$$A_i = A_{w,i} + \sum_j C_{i,j} A_{ci,j} \quad (i=1,2) \tag{5-5}$$

$$C_{i,j} = 2.5 \left(\frac{h_{ci,j}}{h_i}\right)^2 \quad (i=1,2) \tag{5-6}$$

式中　G_1、G_2——分别为转换层和转换层上层的混凝土剪变模量；

$\quad A_1$、A_2——分别为转换层和转换层上层的折算抗剪截面面积计算；

$\quad A_{w,i}$——第 i 层全部剪力墙在计算方向的有效截面面积（不包括翼缘面积）；

$\quad A_{ci,j}$——第 i 层、第 j 根柱的截面面积；

$\quad h_i$——第 i 层的层高；

$\quad h_{ci,j}$——第 i 层、第 j 根柱沿计算方向的截面高度；

$\quad C_{i,j}$——第 i 层、第 j 根柱截面面积折算系数，当计算值大于 1 时取 1。

当转换层设置在第 2 层以上时，按本规程式计算的转换层与其相邻上层的侧向刚度比不应小于 0.6。

当转换层设置在第 2 层以上时，尚宜采用图 E 所示的计算模型按公式计算转换层下部结构与上部结构的等效侧向刚度比 γ_{e2}。γ_{e2} 宜接近 1，非抗震设计时 γ_{e2} 不应小于 0.5，抗震设计时 γ_{e2} 不应小于 0.8。

$$\gamma_{e2} = \frac{\Delta_2 H_1}{\Delta_1 H_2} \tag{5-7}$$

（2）楼层侧向刚度比不满足规范规定时的调整方法

① 程序调整：如果某楼层刚度比的计算结果不满足要求，SATWE 自动将该楼层定义为薄弱层，并按《高规》3.5.8 将该楼层地震剪力放大 1.25 倍。

② 人工调整：如果还需人工干预，可适当降低本层层高和加强本层墙、柱或梁的刚度，适当提高上部相关楼层的层高或削弱上部相关楼层墙、柱或梁的刚度。

（3）设计时要注意的问题

结构楼层侧向刚度比要求在刚性楼板假定条件下计算，对于有弹性板或板厚为零的工程，应计算两次，先在刚性楼板假定条件下计算楼层侧向刚度比并找出薄弱层，再选择"总刚"完成结构的内力计算。

7. 刚重比

（1）概念

结构的侧向刚度与重力荷载设计值之比称为刚重比。它是影响重力二阶效应的主要参数，且重力二阶效应随着结构刚重比的降低呈双曲线关系增加。高层建筑在风荷载或水平地震作用下，若重力二阶效应过大则会引起结构的失稳倒塌，所以要控制好结构的刚重比。

（2）规范规定

《高规》5.4.1：当高层建筑结构满足下列规定时，弹性计算分析时可不考虑重力二阶效应的不利影响。

① 剪力墙结构、框架-剪力墙结构、板柱剪力墙结构、筒体结构：

$$EJ_d \geqslant 2.7H^2 \sum_{i=1}^{n} G_i \tag{5-8}$$

② 框架结构

$$D_i \geqslant 20 \sum_{j=i}^{n} G_j / h_i \quad (i = 1, 2, \cdots\cdots, n) \tag{5-9}$$

式中　EJ_d——结构一个主轴方向的弹性等效侧向刚度，可按倒三角形分布荷载作用下结构顶点位移相等的原则，将结构的侧向刚度折算为竖向悬臂受弯构件的等效侧向刚度；

　　　　H——房屋高度；

　　G_i、G_j——分别为第 i、j 楼层重力荷载设计值，取 1.2 倍的永久荷载标准值与 1.4 倍的楼面可变荷载标准值的组合值；

　　　　h_i——第 i 楼层层高；

　　　　D_i——第 i 楼层的弹性等效侧向刚度，可取该层剪力与层间位移的比值；

　　　　n——结构计算总层数。

《高规》5.4.4：高层建筑结构的整体稳定性应符合下列规定

① 剪力墙结构、框架-剪力墙结构、筒体结构应符合下式要求：

$$EJ_d \geqslant 1.4H^2 \sum_{i=1}^{n} G_i \tag{5-10}$$

② 框架结构应符合下式要求：

$$D_i \geqslant 10 \sum_{j=i}^{n} G_j / h_i \quad (i = 1, 2, \cdots\cdots, n) \tag{5-11}$$

（3）刚重比不满足规范规定时的调整方法

① 程序调整：SATWE程序不能实现。

② 人工调整：调整结构布置，增大结构刚度，减小结构自重。

（4）设计时要注意的问题

高层建筑的高宽比满足限值时，一般可不进行稳定性验算，否则应进行。结构限制高宽比主要是为了满足结构的整体稳定性和抗倾覆，当超出规范中高宽比的限值时要对结构进行整体稳定和抗倾覆验算。

8. 受剪承载力比

（1）规范规定

《高规》3.5.3：A级高度高层建筑的楼层抗侧力结构的层间受剪承载力不宜小于其相邻上一层受剪承载力的80%，不应小于其相邻上一层受剪承载力的65%；B级高度高层建筑的楼层抗侧力结构的层间受剪承载力不应小于其相邻上一层受剪承载力的75%。

注：楼层抗侧力结构的层间受剪承载力是指在所考虑的水平地震作用方向上，该层全部柱、剪力墙、斜撑的受剪承载力之和。

（2）层间受剪承载力比不满足规范规定时的调整方法

① 程序调整：在SATWE的"调整信息"中的"指定薄弱层个数"中填入该楼层层号，将该楼层强制定义为薄弱层，SATWE按《高规》3.5.8将该楼层地震剪力放大1.25倍。

② 人工调整：适当提高本层构件强度（如增大配筋、提高混凝土强度或加大截面）以提高本层墙、柱等抗侧力构件的承载力，或适当降低上部相关楼层墙、柱等抗侧力构件的承载力。

5.2 如何将 PKPM 模型导入到 midas Building 中？

答：（1）PMSAP（SpasCAD）→空间结构建模及分析（图 5-46）

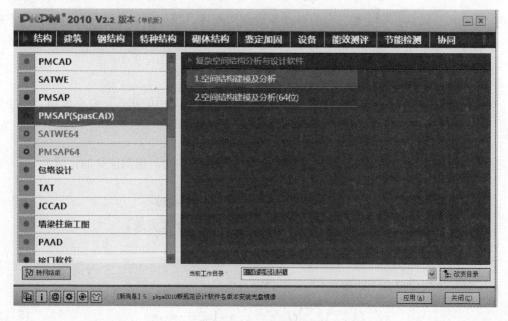

图 5-46 打开 PMSAP

（2）输入工程名称（图 5-47）

图 5-47　输入工程名称

注：此处仅能输入"test"，不区分大小写。

（3）倒入 PM 平面模型（图 5-48～图 5-50）。

图 5-48　导入 PM 平面模型

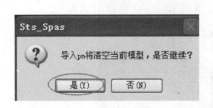

图 5-49 导入 PM 平面模型 (1)

注：选择"是"。

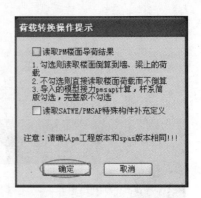

图 5-50 荷载转换提示操作

注：1. 若钩选"读取 PM 楼面导荷结果"，则将会把楼面荷载转换为梁单位或墙单元荷载。一般不建议钩选，可对楼面荷载进行修改，一级对楼板进行详细分析等；

2. 若不钩选，则直接导入楼面荷载，midas Building 为压力荷载。

(4) 结构计算→PMSAP 数据（图 5-51）。

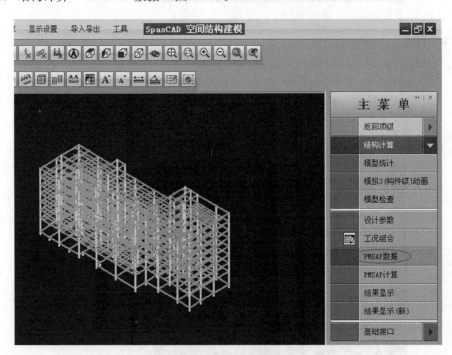

图 5-51 生成 PMSAP 数据

注：此处仅需要生成 PMSAP 数据，不需要进行 PMSAP 计算。

(5) 打开 midas Building 结构大师，点击"新项目"，点击：文件→导入→PKPM 数据，弹出导入 PKPM 数据转换器，如图 5-52 所示。

(6) 模型转换后，点击：结构→标准层与楼层→标准层与楼层，打开标准层与楼层对话框，修改地下室参数，修改多塔设置等，除此之外，还应修改控制参数：模型控制、荷载控制、分析与设计控制。

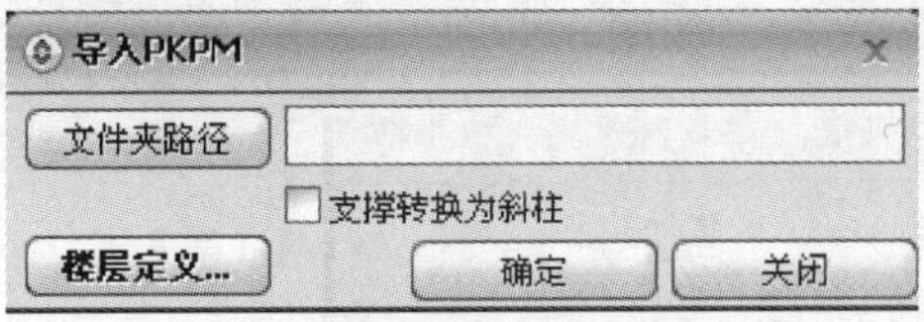

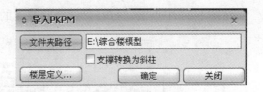

图 5-52 导入 PKPM	图 5-53 导入 PKPM（1）

图 5-52　导入 PKPM

注：点击"文件夹路径"按钮，找到 PK-PM 模型所在文件夹后，点击"确定"，弹出对话框，如图 5-53 所示。

图 5-53　导入 PKPM（1）

注：1. 如果该模型已经用 SATWE 计算过，则转换程序会自动读取结构总信息文件 WMASS. OUT 中层高信息，用户无需进行定义。否则需要对照 PMCAD 中的楼层信息手动输入；

2. 应确保层高及建筑底标高与 PMCAD 模型中信息一致，否则会出现竖线构件缺少的情况。

（7）结构荷载中与楼层数据无关的荷载（楼面荷载、梁荷载、墙荷载等）已经导入，需要说明的是，楼面荷载部分导入的 SATWE 中传递至梁上的荷载，包含了楼板自重的部分，因此在结构大师中后续荷载控制中要不考虑楼板自重。当然，如果要做的严谨一些，建议在结构大师中重新定义楼面荷载，这样还可以利用到结构大师中更合理的异型楼板导荷载、隔墙荷载定义、详细楼板分析等优势功能。

楼板洞口处理。对于结构大师中的开洞部分（含局部开洞和全房开洞）即使该标准层为刚性板，依然按洞口处理；对于局部是楼梯虚板或类似弱连接的弹性楼板，可以替换楼板类型。因此导入的模型楼板部分的模拟将更加真实。

5.3　如何将 CAD 轴网导入到 midas Building 中？

答：点击：结构→轴网，进入轴网对话框，如图 5-54 所示。

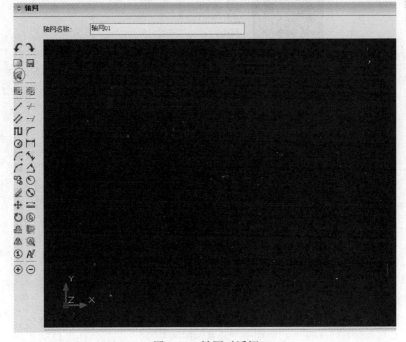

图 5-54　轴网对话框

在图 5-54 中点击：打开，选择要导入的 CAD 文件，如图 5-55 所示。

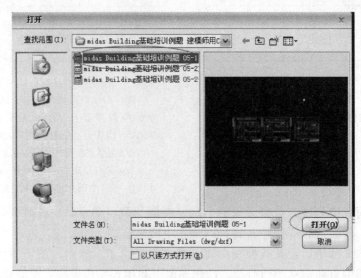

图 5-55　导入 CAD 图

用鼠标左键点击"轴线图层"，点击鼠标右键，选择：分配图层-轴线图层，轴线图层即被分配到对话框中，如图 5-56 所示。

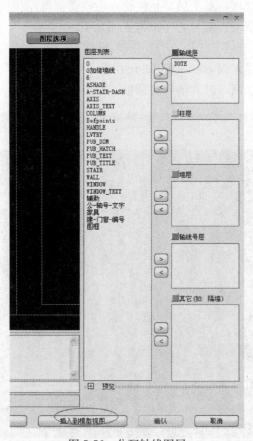

图 5-56　分配轴线图层

注：在对话框中点击"插入到模型视图"，输入"Enter"，将轴网导入到了 midas Building。

5.4 如何修改构件类型（比如将梁定义为转换梁）？

答：点击：分析→构件类型→修改构件类型，会弹出修改构件类型对话框，如图 5-57、图 5-58 所示。

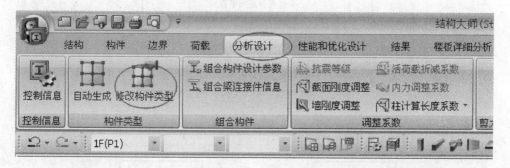

图 5-57 构件类型对话框

图 5-58 修改构件类型

图 5-59 添加详细分析墙

注：1. 如果要将该梁定义为"转换梁"，则可以将欲定位转换梁的构件选中，在"修改构件类型"对话框中，构件类型选择"梁"，子类型选择"转换梁"，点击"适用"。

2. 对于与转换梁相邻的剪力墙，为了更详细地了解其应力和内力状态，需要将其定义为"详细分析"墙，打开主菜单，点击：分析设计→剪力墙详细分析→墙，弹出添加详细分析墙对话框，选择需要详细划分的墙，点击"选择/添加"即可，如图 5-59 所示。

5.5 运用 midas 进行超限分析基本流程是什么？

答：midas Building/Gen 在超限分析流程中应用的主要环节可见图 5-60。

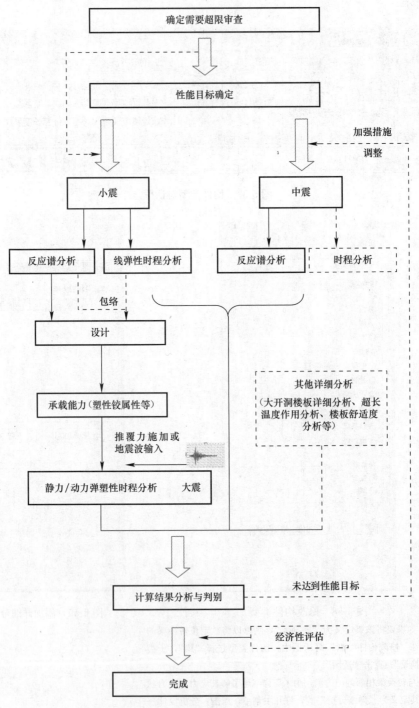

图 5-60 超限分析基本流程示意图

5.6 如何进行线弹性时程分析?

答：弹性时程分析基本流程见图 5-61。

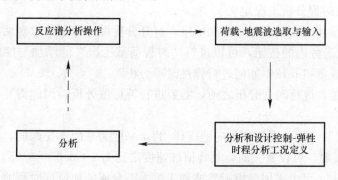

图 5-61 弹性时程分析基本流程图

［要点 1-地震波选取］

弹性时程分析作补充计算时，时程曲线的基本要求见表 5-11。此处"补充计算"指对"主要计算"的补充，着重是对底部剪力、楼层剪力和层间位移角的比较，当时程分析法的计算结果大于振型分解反应谱法时，相关部位的构件内力和配筋应进行相应调整（实际工程中可进行包络设计）。

包络设计方法：目前，结构设计软件（SATWE、midas Building 等）基本不具备弹性时程分析的后续配筋设计功能，因此，当按时程分析法计算的结构底部剪力（三条计算结果的包络值或七条时程曲线计算结果的平均值）大于振型分解反应谱法的计算结果（但不大于120%）时，可将振型分解反应谱法计算乘以相应的放大系数（时程分析包络值/振型分解反应谱值），使两种方法的结构底部剪力大致相当，然后，取振型分解反应谱法的计算结果分析。

时程曲线的基本要求（弹性时程分析） 表 5-11

序号	项目	具体要求
1	曲线数量要求	实际强震记录的数量不应少于总数的 2/3
2	每条曲线计算结果	结构主方向底部总剪力（注意：不要求结构主、次两个方向的底部剪力同时满足）不应小于振型分解反应谱法的65%（也不应大于135%）
3	多条曲线计算结果	底部剪力平均值不应小于振型分解反应谱法的80%（也不大于120%）

规范中"统计意义上相符"指：多组时程波的平均地震影响系数曲线与振型分解反应谱所用的地震影响系数曲线相比，在对应于结构主要振型的周期点上相差不大于20%。

主要振型：周期最大的振型不一定是主振型，应检查其阵型的参与质量，采用弹性楼板模型计算值，应重新核查，避免由于局部振动造成振型数的不足。

利用［荷载→地震波］可以非常方便选择较为适宜的地震波（即满足频谱特性、加速度峰值和持续时间）。

利用［结构→线弹性时程分析结果→检查地震荷载数据］可以非常方便进行设计谱与

规范谱的比较。

注：要利用 PKPM 地震波格式转换成 Etabs/midas Building 地震波格式处理、地震波处理小工具。其中 PGA 为地震波峰值加速度值，EPA 为有效峰值加速度值。

[要点 2-弹性时程分析工况定义]

点击：分析设计→控制信息→控制信息，打开分析设计控制信息对话框，钩选"线弹性时程分析"，点击旁边的按钮，可以进行"时程荷载工况"的添加与编辑工作。具体参数可以参考：第五章"5.12 如何进行弹性时程分析"。

需要注意的是，进行时程分析之前，需要进行特征值分析，因此需要先定义特征值分析控制参数。

"地震波模式"一般可选择"多向地震作用"，一般为平面正交两向，峰值加速度之比为 1：0.85，依需要，可设置三向，其峰值加速度之比为 1：0.85：0.65。需要注意的是，根据《抗规》要求，至少采用 2 组天然波和 1 组人工合成的加速度时程波对塔楼进行弹性动力时程分析，每组时程波包含 3 个方向的分量，即 3 个方向的分量可选用同一个地震波，不同的地震波定义为不同的地震荷载工况。

分析方法中振型分解法和直接积分法的选取：振型分解法结果的精度受到振型数量的影响。振型分解法在大型结构的线弹性时程分析中非常高效实用，但是不适用于考虑材料非线性的动力弹塑性问题和包含消能减震装置的动力问题；直接积分法是将分析时间长度分割为多个微小的时间间隔，用数值积分方法解微小时间间隔的动力平衡方程的动力分析方法。直接积分法可以解刚度和阻尼的非线性问题，但是随着分析步骤的增加，分析时间会较长。选择直接积分时，程序提供瑞利阻尼（结构的质量矩阵和刚度矩阵的线性组合）。而选择质量因子和刚度因子的阻尼时，可自行输入各振型的阻尼比。

[要点 3-结果查看]

计算结果主要考察底部剪力、楼层剪力和层间位移角，生成数据并与反应谱分析结果对比。

5.7 如何进行静力弹塑性时程分析？

答：静力弹塑性时程分析基本流程如图 5-62 所示。

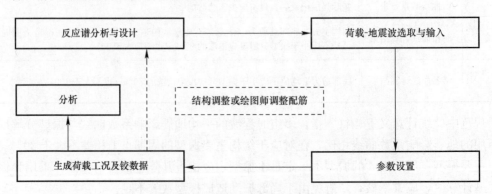

图 5-62 弹性时程分析基本流程图

注：其他操作过程中的参数填写及步骤，可参考第四章"4.11 如何进行 Pushover 分析"。

点击：静力弹塑性分析→静力弹塑性首选项，如图 5-63～图 5-69 所示。

图 5-63　静力弹塑性分析菜单

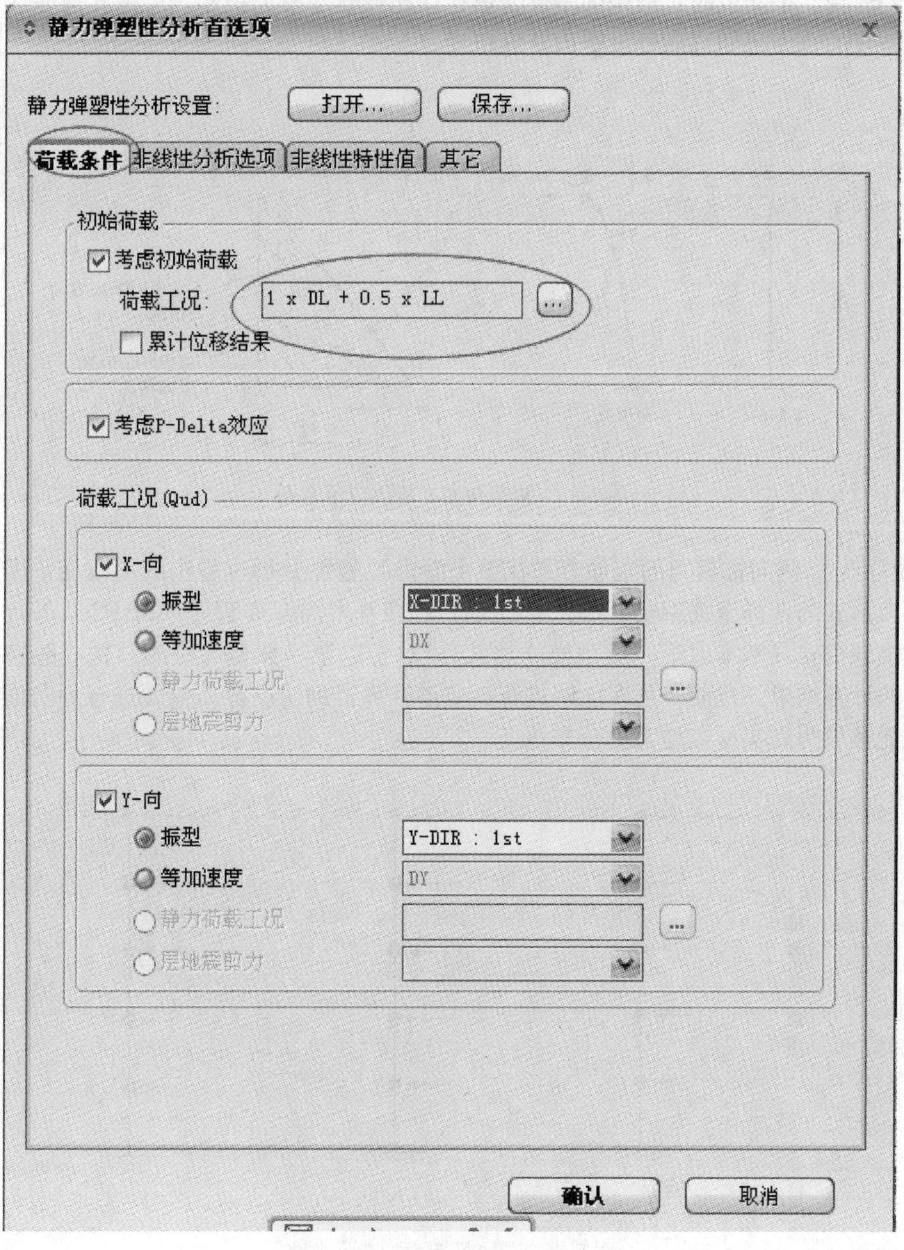

静力弹塑性分析首选项

静力弹塑性分析设置：　　打开...　　保存...

| 荷载条件 | 非线性分析选项 | 非线性特性值 | 其它 |

初始荷载

☑考虑初始荷载

荷载工况：　1 x DL + 0.5 x LL　　...

☐累计位移结果

☑考虑P-Delta效应

荷载工况 (Qud)

☑ X-向
- ◉ 振型　　　　X-DIR : 1st
- ◯ 等加速度　　DX
- ◯ 静力荷载工况
- ◯ 层地震剪力

☑ Y-向
- ◉ 振型　　　　Y-DIR : 1st
- ◯ 等加速度　　DY
- ◯ 静力荷载工况
- ◯ 层地震剪力

确认　　取消

图 5-64　静力弹塑性荷载施加

［说明1］：初始荷载为地震作用时（或前）结构所承受的有效荷载，一般取为1DL＋0.5LL（中国规范中重力荷载代表值），FEMA（美国联邦应急委员会）－273取为1DL＋0.25LL。《高层建筑混凝土结构技术规程》JGJ 3—2010第3.11.4条-2：复杂结构应进行施工模拟分析，应以施工全过程完成后的内力作为初始状态。条文说明：对复杂结构进行施工模拟分析是十分必要的。弹塑性分析应以施工全过程完成后的静载内力为初始状态。当施工方案与施工模拟计算不同时，应重新调整响应计算。

［说明2］：《高层建筑混凝土结构技术规程》JGJ 3—2010第5.5.1条-5：应考虑几何非线性的影响。条文说明：结构弹塑性变形往往比弹性变形大很多，考虑几何非线性进行计算是必要的，结果的可靠性也会因此有所提高。

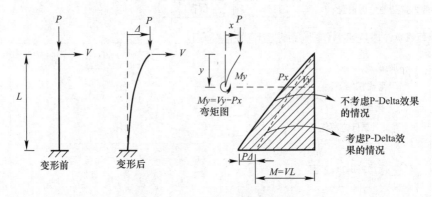

图 5-65　构架挠曲二阶效应示意图

［说明3］：侧向推覆力的施加方式在整个静力弹塑性分析过程中的不改变，因此，对于推覆力形式的选择至关重要，2012年之前，程序基本同CSI程序（SAP200等）一般进行振型加载模式（基本以第一振型模式加载），对于以第一振型为主的结构，能够得到较为可靠的计算结果。目前，程序能够进行反应谱计算得到的层剪力模式进行侧向推覆力的施加，能够较为真实反应地震力分布情况。

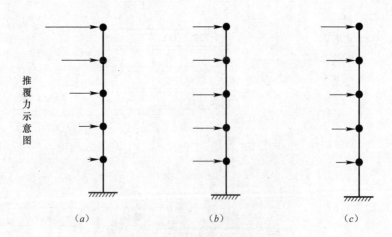

图 5-66　传统推覆力加载示意图
（a）振型加载模式；（b）等速度加载模式；（c）静力加载模式

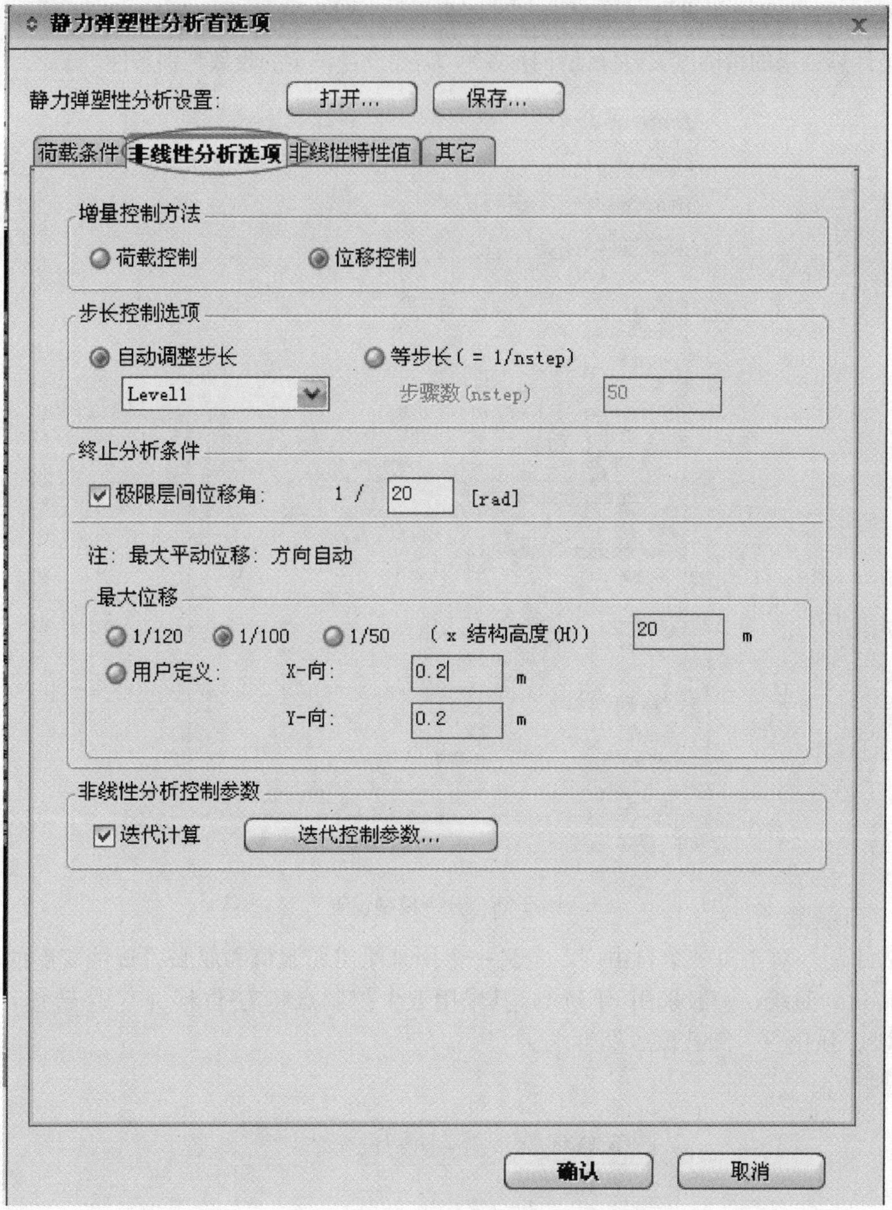

图 5-67　分析参数设置

［说明 1］：程序提供了荷载控制与位移控制。由结构内力-位移曲线知，结构进入极限承载能力（此时，即使不再增加外力，位移也会增加）后，只能通过位移增量进行分析，故一般采用位移控制。

［说明 2］：Level1、Level2、Level3 分别对应的最大总步骤数为 50、100、200。

［说明 3］：依据《建筑结构抗震设计规范》GB 50011—2010 表 5.5.5 可知规范控制的各类结构允许弹塑性层间位移角。但输入时应适当增大，一般采用程序默认值 1/20，当分析过程中层间位移角超过输入值时，自动停止计算。

［说明 4］：塑性铰的出现造成了单元刚度的变化，单元刚度的变化又引起了单元内力的变

化，使得外力与内力之间产生了不平衡力（残余力），因为迭代不可能完全消除残余力，所以为了既满足计算结果的精确度又要保证计算效率，需要设置设定的收敛判别条件。

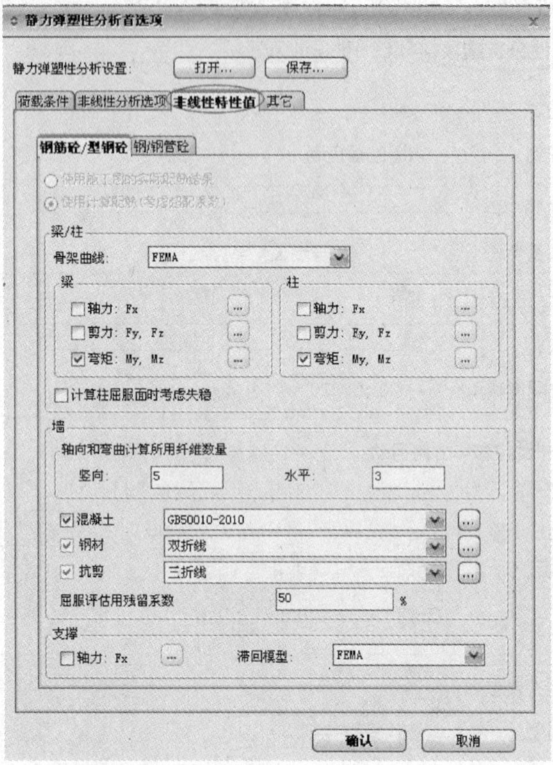

图 5-68　分析模型设置

[说明 1]：对于每一个自由度，定义一个用来给出屈服值和屈服后塑性变形的力-位移（弯矩-转角）曲线，一般采用 FEMA，其采用五个控制点将力-位移（弯矩-转角）曲线分为弹性段、强化段、卸载段、塑性端。

[说明 2]：

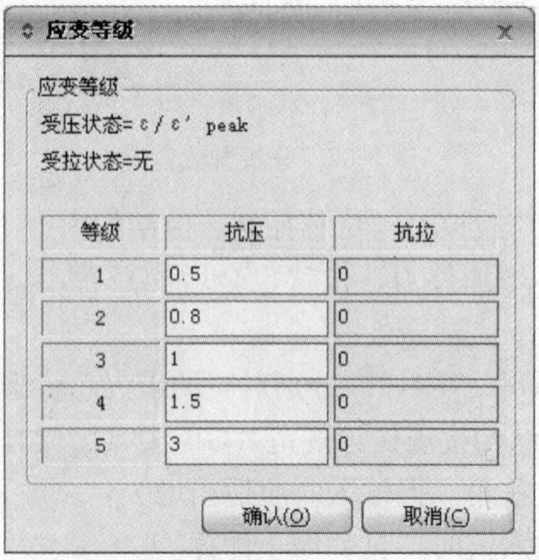

图 5-69　应变等级设定

5.8 如何进行动力弹塑性时程分析？

点击：动力弹塑性时程分析→动力弹塑性首选项、自动生成铰数据、荷载数据、地震波、初始荷载等，如图 5-70 所示。

图 5-70 "动力弹塑性时程分析"菜单

注：1. 相关操作事宜详见反应谱分析荷载（地震波选取）及静力弹塑性分析参数设置要点。程序暂不能生成型钢混凝土构件的塑性铰属性，可以同在 midas Gen 内生成后，手动输入。

2. 其他参数设置可参考，第四章 "4.13 如何进行弹塑形时程分析"。

5.9 PKPM 多塔模型导入到 midas Building 时的注意事项？

答：（1）导入后，原先在 PKPM 中定义的多塔信息消失，原塔块都属于 Base 塔，造成不能分塔计算风荷载作用、地震作用等。导入到 Building 后，各塔块都归为 Base 塔中。

较为简捷的办法可以采用 "结构-标准层和楼层-定义塔" 命令，直接指定多个塔块。注意在指定塔块的时候，应在 "楼层视图→顶视图（Ctrl＋Shift＋T）" 模式下，选择大底盘顶层的上一层为开始楼层，点击 "指定范围"，用闭合折线围区的方法选择塔块 1，点击 "新建塔"。同样操作，指定塔块 2。完成后点击 "适用"。

分塔成功后，可指定不同塔块的层高、楼板类型及风荷载体型系数，可分别查看各个塔块的层结果等。

（2）如果在 PKPM 建模过程中，采用的是广义标准层的组装方式。导入后，PKPM 的多塔信息消失，所有塔块都属于 base 塔，且各个塔块底标高呈传递的关系。

较为简捷的方法仍为使用 "定义塔" 命令，点击 "结构-标准层和楼层-定义塔"，建议先定义最高位置的塔块，"开始楼层" 仍然定义为大底盘的上一层，必要时可钝化掉大底盘部分。

5.10 如何进行中震弹性分析？

答：参考 "4.14 如何进行中震弹性分析"。

5.11 如何进行中震不屈服分析？

答：参考 "4.15 如何进行中震不屈服分析"。

5.12 转换结构分析时应怎么操作？

答：midas Building 对转换梁按照板单元进行建模，此时不存在变形协调问题，并且以梁单元的形式予以输出计算结果，其关键操作如下：

（1）模型主控数据→结构体系（复杂高层结构/原结构类型）。

（2）结构→标准层和楼层→指定转化层楼板为弹性板，并钩选转换层。将转换层楼板设置为弹性板，若为刚性板，则得不到转换梁轴力；指定转换层后，程序则依据《高规》附录 E 计算侧向刚度比。

（3）分析设计→修改构件类型→指定转换梁。

（4）模型主控数据→转换梁分析方法/网格划分。

5.13　midas Building 无梁楼盖的建模方法是怎样？

答：（1）建立轴网，布置柱子，如图 5-71 所示。

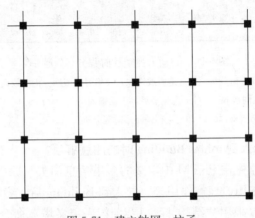

图 5-71　建立轴网、柱子

（2）midas Building 暂时不支持变截面，不能模拟柱帽，不过可以通过局部加厚板的方式来模拟，下面建立的模型便是通过局部加厚板来模拟柱帽，需要加厚的区域可通过节点复制的方法建立节点，根据节点位置建立辅助梁，如图 5-72 所示。

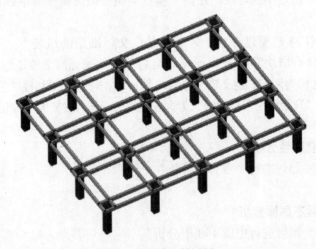

图 5-72　建立辅助梁

（3）自动生成楼板，并修改柱上局部板的厚度。

（4）把楼板替换成休息平台板，因为 midas Building 里普通的楼板时作为一种刚度反映到结构上的，传递荷载时只传递给受力构件，如梁、柱、墙，而无梁楼盖只有柱上有节点，分割后的板上的荷载，由于没有传递荷载的构件，导致荷载不能传递到柱上，所以对于无梁楼盖的板可以用楼梯板模拟，休息平台板作为构件参与计算，不过因为楼板建立比较方便，可以在生成楼板后，统一修改成楼梯平台板。

（5）删除梁，如图 5-73 所示。

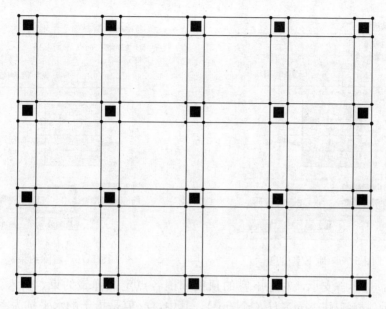

图 5-73　删除梁后板的边界约束图

（6）删除梁后，因为各块被分割后的板找不到支承，所以边界条件都是自由的，这个时候需要手动修改，如图 5-74 所示。

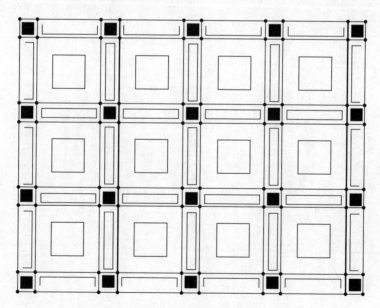

图 5-74　修改楼板边界条件

5.14　如何模拟地下室横向约束？

答：程序直接提供的约束方式有两种：铰接和固结，如图 5-75 所示，定义地下室层数，程序默认约束地下室顶板；如果要释放约束，可以通过解除横向约束的层数来控制。

关于 midas Building 地下室半固结可以通过节点弹簧约束来实现，具体做法如下：

a. 先解除地下室的横向约束，如图 5-76 所示。

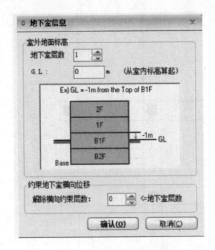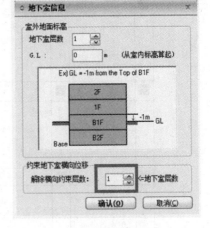

图 5-75　地下室信息　　　　　　　　　图 5-76　解除约束

b. 点击：边界→支承，对地下室的顶板周围各点定义弹簧约束，输入弹簧刚度值。公式如下所示：$k=1000 \times m \times H$（kN/m³），其中，m 值是指土的水平抗力系数的比例系数，m 值的大小随土类及土状态而不同，一般可按 JGJ 94—2008 表 5.7.5 的灌注桩顶来取值，1000 为 MN 到 kN 单元换算，H 是室外地面到结构最底部的距离及埋深。

附　　录

附录 1　建质［2015］67 号超限高层建筑工程抗震设防专项审查技术要点

第一章　总　　则

第一条　为进一步做好超限高层建筑工程抗震设防专项审查工作，确保审查质量，根据《超限高层建筑工程抗震设防管理规定》（建设部令第 111 号），制定本技术要点。

第二条　本技术要点所指超限高层建筑工程包括：

（一）高度超限工程：指房屋高度超过规定，包括超过《建筑抗震设计规范》（以下简称《抗震规范》）第 6 章钢筋混凝土结构和第 8 章钢结构最大适用高度，超过《高层建筑混凝土结构技术规程》（以下简称《高层混凝土结构规程》）第 7 章中有较多短肢墙的剪力墙结构、第 10 章中错层结构和第 11 章混合结构最大适用高度的高层建筑工程。

（二）规则性超限工程：指房屋高度不超过规定，但建筑结构布置属于《抗震规范》、《高层混凝土结构规程》规定的特别不规则的高层建筑工程。

（三）屋盖超限工程：指屋盖的跨度、长度或结构形式超出《抗震规范》第 10 章及《空间网格结构技术规程》、《索结构技术规程》等空间结构规程规定的大型公共建筑工程（不含骨架支承式膜结构和空气支承膜结构）。超限高层建筑工程具体范围详见附件 1。

第三条　本技术要点第二条规定的超限高层建筑工程，属于下列情况的，建议委托全国超限高层建筑工程抗震设防审查专家委员会进行抗震设防专项审查：

（一）高度超过《高层混凝土结构规程》B 级高度的混凝土结构，高度超过《高层混凝土结构规程》第 11 章最大适用高度的混合结构；

（二）高度超过规定的错层结构，塔体显著不同的连体结构，同时具有转换层、加强层、错层、连体四种类型中三种的复杂结构，高度超过《抗震规范》规定且转换层位置超过《高层混凝土结构规程》规定层数的混凝土结构，高度超过《抗震规范》规定且水平和竖向均特别不规则的建筑结构；

（三）超过《抗震规范》第 8 章适用范围的钢结构；

（四）跨度或长度超过《抗震规范》第 10 章适用范围的大跨屋盖结构；

（五）其他各地认为审查难度较大的超限高层建筑工程。

第四条　对主体结构总高度超过 350m 的超限高层建筑工程的抗震设防专项审查，应满足以下要求：

（一）从严把握抗震设防的各项技术性指标；

（二）全国超限高层建筑工程抗震设防审查专家委员会进行的抗震设防专项审查，应会同工程所在地省级超限高层建筑工程抗震设防专家委员会共同开展，或在当地超限高层建筑工程抗震设防专家委员会工作的基础上开展。

第五条　建设单位申报抗震设防专项审查的申报材料应符合第二章的要求，专家组提出的专项审查意见应符合第六章的要求。对于屋盖超限工程的抗震设防专项审查，除参照本技术要点第三章的相关内容外，按第五章执行。审查结束后应及时将审查信息录入全国超限高层建筑数据库，审查信息包括：超限高层建筑工程抗震设防专项审查申报表（附件2）、超限情况表（附件3）、超限高层建筑工程抗震设防专项审查情况表（附件4）和超限高层建筑工程结构设计质量控制信息表（附件5）。

第二章　申报材料的基本内容

第六条　建设单位申报抗震设防专项审查时，应提供以下资料：

（一）超限高层建筑工程抗震设防专项审查申报表和超限情况表（至少5份）；

（二）建筑结构工程超限设计的可行性论证报告（附件6，至少5份）；

（三）建设项目的岩土工程勘察报告；

（四）结构工程初步设计计算书（主要结果，至少5份）；

（五）初步设计文件（建筑和结构工程部分，至少5份）；

（六）当参考使用国外有关抗震设计标准、工程实例和震害资料及计算机程序时，应提供理由和相应的说明；

（七）进行模型抗震性能试验研究的结构工程，应提交抗震试验方案；

（八）进行风洞试验研究的结构工程，应提交风洞试验报告。

第七条　申报抗震设防专项审查时提供的资料，应符合下列具体要求：

（一）高层建筑工程超限设计可行性论证报告。应说明其超限的类型（对高度超限、规则性超限工程，如高度、转换层形式和位置、多塔、连体、错层、加强层、竖向不规则、平面不规则；对屋盖超限工程，如跨度、悬挑长度、结构单元总长度、屋盖结构形式与常用结构形式的不同、支座约束条件、下部支承结构的规则性等）和超限的程度，并提出有效控制安全的技术措施，包括抗震、抗风技术措施的适用性、可靠性，整体结构及其薄弱部位的加强措施，预期的性能目标，屋盖超限工程尚包括有效保证屋盖稳定性的技术措施。

（二）岩土工程勘察报告。应包括岩土特性参数、地基承载力、场地类别、液化评价、剪切波速测试成果及地基基础方案。当设计有要求时，应按规范规定提供结构工程时程分析所需的资料。处于抗震不利地段时，应有相应的边坡稳定评价、断裂影响和地形影响等场地抗震性能评价内容。

（三）结构设计计算书。应包括软件名称和版本，力学模型，电算的原始参数（设防烈度和设计地震分组或基本加速度、所计入的单向或双向水平及竖向地震作用、周期折减系数、阻尼比、输入地震时程记录的时间、地震名、记录台站名称和加速度记录编号，风荷载、雪荷载和设计温差等），结构自振特性（周期，扭转周期比，对多塔、连体类和复杂屋盖含必要的振型），整体计算结果（对高度超限、规则性超限工程，含侧移、扭转位移比、楼层受剪承载力比、结构总重力荷载代表值和地震剪力系数、楼层刚度比、结构整体稳定、墙体（或筒体）和框架承担的地震作用分配等；对屋盖超限工程，含屋盖挠度和整体稳定、下部支承结构的水平位移和扭转位移比等），主要构件的轴压比、剪压比（钢结构构件、杆件为应力比）控制等。

对计算结果应进行分析。时程分析结果应与振型分解反应谱法计算结果进行比较。对多个软件的计算结果应加以比较，按规范的要求确认其合理、有效性。风控制时和屋盖超限工程应有风荷载效应与地震效应的比较。

（四）初步设计文件。设计深度深度应符合《建筑工程设计文件编制深度的规定》的要求，设计说明要有建筑安全等级、抗震设防分类、设防烈度、设计基本地震加速度、设计地震分组、结构的抗震等级等内容。

（五）提供抗震试验数据和研究成果。如有提供应有明确的适用范围和结论。

第三章　专项审查的控制条件

第八条　抗震设防专项审查的内容主要包括：

（一）建筑抗震设防依据；

（二）场地勘察成果及地基和基础的设计方案；

（三）建筑结构的抗震概念设计和性能目标；

（四）总体计算和关键部位计算的工程判断；

（五）结构薄弱部位的抗震措施；

（六）可能存在的影响结构安全的其他问题。

对于特殊体型（含屋盖）或风洞试验结果与荷载规范规定相差较大的风荷载取值，以及特殊超限高层建筑工程（规模大、高宽比大等）的隔震、减震设计，宜由相关专业的专家在抗震设防专项审查前进行专门论证。

第九条　抗震设防专项审查的重点是结构抗震安全性和预期的性能目标。为此，超限工程的抗震设计应符合下列最低要求：

（一）严格执行规范、规程的强制性条文，并注意系统掌握、全面理解其准确内涵和相关条文。

（二）对高度超限或规则性超限工程，不应同时具有转换层、加强层、错层、连体和多塔等五种类型中的四种及以上的复杂类型；当房屋高度在《高层混凝土结构规程》B级高度范围内时，比较规则的应按《高层混凝土结构规程》执行，其余应针对其不规则项的多少、程度和薄弱部位，明确提出为达到安全而比现行规范、规程的规定更严格的具体抗震措施或预期性能目标；当房屋高度超过《高层混凝土结构规程》的B级高度以及房屋高度、平面和竖向规则性等三方面均不满足规定时，应提供达到预期性能目标的充分依据，如试验研究成果、所采用的抗震新技术和新措施以及不同结构体系的对比分析等的详细论证。

（三）对屋盖超限工程，应对关键杆件的长细比、应力比和整体稳定性控制等提出比现行规范、规程的规定更严格的、针对性的具体措施或预期性能目标；当屋盖形式特别复杂时，应提供达到预期性能目标的充分依据。

（四）在现有技术和经济条件下，当结构安全与建筑形体等方面出现矛盾时，应以安全为重；建筑方案（包括局部方案）设计应服从结构安全的需要。

第十条　对超高很多，以及结构体系特别复杂、结构类型（含屋盖形式）特殊的工程，当设计依据不足时，应选择整体结构模型、结构构件、部件或节点模型进行必要的抗震性能试验研究。

第四章　高度超限和规则性超限工程的专项审查内容

第十一条　关于建筑结构抗震概念设计：

（一）各种类型的结构应有其合适的使用高度、单位面积自重和墙体厚度。结构的总体刚度应适当（含两个主轴方向的刚度协调符合规范的要求），变形特征应合理；楼层最大层间位移和扭转位移比符合规范、规程的要求。

（二）应明确多道防线的要求。框架与墙体、筒体共同抗侧力的各类结构中，框架部分地震剪力的调整宜依据其超限程度比规范的规定适当增加；超高的框架-核心筒结构，其混凝土内筒和外框之间的刚度宜有一个合适的比例，框架部分计算分配的楼层地震剪力，除底部个别楼层、加强层及其相邻上下层外，多数不低于基底剪力的8%且最大值不宜低于10%，最小值不宜低于5%。主要抗侧力构件中沿全高不开洞的单肢墙，应针对其延性不足采取相应措施。

（三）超高时应从严掌握建筑结构规则性的要求，明确竖向不规则和水平向不规则的程度，应注意楼板局部开大洞导致较多数量的长短柱共用和细腰形平面可能造成的不利影响，避免过大的地震扭转效应。对不规则建筑的抗震设计要求，可依据抗震设防烈度和高度的不同有所区别。主楼与裙房间设置防震缝时，缝宽应适当加大或采取其他措施。

（四）应避免软弱层和薄弱层出现在同一楼层。

（五）转换层应严格控制上下刚度比；墙体通过次梁转换和柱顶墙体开洞，应有针对性的加强措施。水平加强层的设置数量、位置、结构形式，应认真分析比较；伸臂的构件内力计算宜采用弹性膜楼板假定，上下弦杆应贯通核心筒的墙体，墙体在伸臂斜腹杆的节点处应采取措施避免应力集中导致破坏。

（六）多塔、连体、错层等复杂体型的结构，应尽量减少不规则的类型和不规则的程度；应注意分析局部区域或沿某个地震作用方向上可能存在的问题，分别采取相应加强措施。对复杂的连体结构，宜根据工程具体情况（包括施工），确定是否补充不同工况下各单塔结构的验算。

（七）当几部分结构的连接薄弱时，应考虑连接部位各构件的实际构造和连接的可靠程度，必要时可取结构整体模型和分开模型计算的不利情况，或要求某部分结构在设防烈度下保持弹性工作状态。

（八）注意加强楼板的整体性，避免楼板的削弱部位在大震下受剪破坏；当楼板开洞较大时，宜进行截面受剪承载力验算。

（九）出屋面结构和装饰构架自身较高或体型相对复杂时，应参与整体结构分析，材料不同时还需适当考虑阻尼比不同的影响，应特别加强其与主体结构的连接部位。

（十）高宽比较大时，应注意复核地震下地基基础的承载力和稳定。

（十一）应合理确定结构的嵌固部位。

第十二条　关于结构抗震性能目标：

（一）根据结构超限情况、震后损失、修复难易程度和大震不倒等确定抗震性能目标。

即在预期水准（如中震、大震或某些重现期的地震）的地震作用下结构、部位或结构构件的承载力、变形、损坏程度及延性的要求。

（二）选择预期水准的地震作用设计参数时，中震和大震可按规范的设计参数采用，当安评的小震加速度峰值大于规范规定较多时，宜按小震加速度放大倍数进行调整。

（三）结构提高抗震承载力目标举例：水平转换构件在大震下受弯、受剪极限承载力复核。竖向构件和关键部位构件在中震下偏压、偏拉、受剪屈服承载力复核，同时受剪截面满足大震下的截面控制条件。竖向构件和关键部位构件中震下偏压、偏拉、受剪承载力设计值复核。

（四）确定所需的延性构造等级。中震时出现小偏心受拉的混凝土构件应采用《高层混凝土结构规程》中规定的特一级构造。中震时双向水平地震下墙肢全截面由轴向力产生的平均名义拉应力超过混凝土抗拉强度标准值时宜设置型钢承担拉力，且平均名义拉应力不宜超过两倍混凝土抗拉强度标准值（可按弹性模量换算考虑型钢和钢板的作用），全截面型钢和钢板的含钢率超过 2.5％时可按比例适当放松。

（五）按抗震性能目标论证抗震措施（如内力增大系数、配筋率、配箍率和含钢率）的合理可行性。

第十三条 关于结构计算分析模型和计算结果：

（一）正确判断计算结果的合理性和可靠性，注意计算假定与实际受力的差异（包括刚性板、弹性膜、分块刚性板的区别），通过结构各部分受力分布的变化，以及最大层间位移的位置和分布特征，判断结构受力特征的不利情况。

（二）结构总地震剪力以及各层的地震剪力与其以上各层总重力荷载代表值的比值，应符合抗震规范的要求，Ⅲ、Ⅳ类场地时尚宜适当增加。当结构底部计算的总地震剪力偏小需调整时，其以上各层的剪力、位移也均应适当调整。基本周期大于 6s 的结构，计算的底部剪力系数比规定值低 20％以内，基本周期 3.5～5s 的结构比规定值低 15％以内，即可采用规范关于剪力系数最小值的规定进行设计。基本周期在 5～6s 的结构可以插值采用。6 度（0.05g）设防且基本周期大于 5s 的结构，当计算的底部剪力系数比规定值低但按底部剪力系数 0.8％换算的层间位移满足规范要求时，即可采用规范关于剪力系数最小值的规定进行抗震承载力验算。

（三）结构时程分析的嵌固端应与反应谱分析一致，所用的水平、竖向地震时程曲线应符合规范要求，持续时间一般不小于结构基本周期的 5 倍（即结构屋面对应于基本周期的位移反应不少于 5 次往复）；弹性时程分析的结果也应符合规范的要求，即采用三组时程时宜取包络值，采用七组时程时可取平均值。

（四）软弱层地震剪力和不落地构件传给水平转换构件的地震内力的调整系数取值，应依据超限的具体情况大于规范的规定值；楼层刚度比值的控制值仍需符合规范的要求。

（五）上部墙体开设边门洞等的水平转换构件，应根据具体情况加强；必要时，宜采用重力荷载下不考虑墙体共同工作的手算复核。

（六）跨度大于 24m 的连体计算竖向地震作用时，宜参照竖向时程分析结果确定。

（七）对于结构的弹塑性分析，高度超过 200m 或扭转效应明显的结构应采用动力弹塑性分析；高度超过 300m 应做两个独立的动力弹塑性分析。计算应以构件的实际承载力为基础，着重于发现薄弱部位和提出相应加强措施。

（八）必要时（如特别复杂的结构、高度超过200m的混合结构、静载下构件竖向压缩变形差异较大的结构等），应有重力荷载下的结构施工模拟分析，当施工方案与施工模拟计算分析不同时，应重新调整相应的计算。

（九）当计算结果有明显疑问时，应另行专项复核。

第十四条　关于结构抗震加强措施：

（一）对抗震等级、内力调整、轴压比、剪压比、钢材的材质选取等方面的加强，应根据烈度、超限程度和构件在结构中所处部位及其破坏影响的不同，区别对待、综合考虑。

（二）根据结构的实际情况，采用增设芯柱、约束边缘构件、型钢混凝土或钢管混凝土构件，以及减震耗能部件等提高延性的措施。

（三）抗震薄弱部位应在承载力和细部构造两方面有相应的综合措施。

第十五条　关于岩土工程勘察成果：

（一）波速测试孔数量和布置应符合规范要求；测量数据的数量应符合规定；波速测试孔深度应满足覆盖层厚度确定的要求。

（二）液化判别孔和砂土、粉土层的标准贯入锤击数据以及黏粒含量分析的数量应符合要求；液化判别水位的确定应合理。

（三）场地类别划分、液化判别和液化等级评定应准确、可靠；脉动测试结果仅作为参考。

（四）覆盖层厚度、波速的确定应可靠，当处于不同场地类别的分界附近时，应要求用内插法确定计算地震作用的特征周期。

第十六条　地基和基础的设计方案：

（一）地基基础类型合理，地基持力层选择可靠。

（二）主楼和裙房设置沉降缝的利弊分析正确。

（三）建筑物总沉降量和差异沉降量控制在允许的范围内。

第十七条　关于试验研究成果和工程实例、震害经验：

（一）对按规定需进行抗震试验研究的项目，要明确试验模型与实际结构工程相似的程度以及试验结果可利用的部分。

（二）借鉴国外经验时，应区分抗震设计和非抗震设计，了解是否经过地震考验，并判断是否与该工程项目的具体条件相似。

（三）对超高很多或结构体系特别复杂、结构类型特殊的工程，宜要求进行实际结构工程的动力特性测试。

第五章　屋盖超限工程的专项审查内容

第十八条　关于结构体系和布置：

（一）应明确所采用的结构形式、受力特征和传力特性、下部支承条件的特点，以及具体的结构安全控制荷载和控制目标。

（二）对非常用的屋盖结构形式，应给出所采用的结构形式与常用结构形式的主要不同。

（三）对下部支承结构，其支承约束条件应与屋盖结构受力性能的要求相符。

（四）对桁架、拱架，张弦结构，应明确给出提供平面外稳定的结构支撑布置和构造要求。

第十九条　关于性能目标：

（一）应明确屋盖结构的关键杆件、关键节点和薄弱部位，提出保证结构承载力和稳定的具体措施，并详细论证其技术可行性。

（二）对关键节点、关键杆件及其支承部位（含相关的下部支承结构构件），应提出明确的性能目标。选择预期水准的地震作用设计参数时，中震和大震可仍按规范的设计参数采用。

（三）性能目标举例：关键杆件在大震下拉压极限承载力复核。关键杆件中震下拉压承载力设计值复核。支座环梁中震承载力设计值复核。下部支承部位的竖向构件在中震下屈服承载力复核，同时满足大震截面控制条件。连接和支座满足强连接弱构件的要求。

（四）应按抗震性能目标论证抗震措施（如杆件截面形式、壁厚、节点等）的合理可行性。

第二十条　关于结构计算分析：

（一）作用和作用效应组合：

设防烈度为 7 度（0.15g）及以上时，屋盖的竖向地震作用应参照整体结构时程分析结果确定。

屋盖结构的基本风压和基本雪压应按重现期 100 年采用；索结构、膜结构、长悬挑结构、跨度大于 120m 的空间网格结构及屋盖体型复杂时，风载体型系数和风振系数、屋面积雪（含融雪过程中的变化）分布系数，应比规范要求适当增大或通过风洞模型试验或数值模拟研究确定；屋盖坡度较大时尚宜考虑积雪融化可能产生的滑落冲击荷载。尚可依据当地气象资料考虑可能超出荷载规范的风荷载。天沟和内排水屋盖尚应考虑排水不畅引起的附加荷载。

温度作用应按合理的温差值确定。应分别考虑施工、合拢和使用三个不同时期各自的不利温差。

（二）计算模型和设计参数

采用新型构件或新型结构时，计算软件应准确反映构件受力和结构传力特征。计算模型应计入屋盖结构与下部支承结构的协同作用。屋盖结构与下部支承结构的主要连接部位的约束条件、构造应与计算模型相符。整体结构计算分析时，应考虑下部支承结构与屋盖结构不同阻尼比的影响。若各支承结构单元动力特性不同且彼此连接薄弱，应采用整体模型与分开单独模型进行静载、地震、风荷载和温度作用下各部位相互影响的计算分析的比较，合理取值。必要时应进行施工安装过程分析。地震作用及使用阶段的结构内力组合，应以施工全过程完成后的静载内力为初始状态。超长结构（如结构总长度大于300m）应按《抗震规范》的要求考虑行波效应的多点地震输入的分析比较。对超大跨度（如跨度大于150m）或特别复杂的结构，应进行罕遇地震下考虑几何和材料非线性的弹塑性分析。

（三）应力和变形

对索结构、整体张拉式膜结构、悬挑结构、跨度大于120m的空间网格结构、跨度大于60m的钢筋混凝土薄壳结构、应严格控制屋盖在静载和风、雪荷载共同作用下的应力和变形。

（四）稳定性分析

对单层网壳、厚度小于跨度 1/50 的双层网壳、拱（实腹式或格构式）、钢筋混凝土薄壳，应进行整体稳定验算；应合理选取结构的初始几何缺陷，并按几何非线性或同时考虑几何和材料非线性进行全过程整体稳定分析。钢筋混凝土薄壳尚应同时考虑混凝土的收缩、徐变对稳定性的影响。

第二十一条　关于屋盖结构构件的抗震措施：

（一）明确主要传力结构杆件，采取加强措施，并检查其刚度的连续性和均匀性。

（二）从严控制关键杆件应力比及稳定要求。在重力和中震组合下以及重力与风荷载、温度作用组合下，关键杆件的应力比控制应比规范的规定适当加严或达到预期性能目标。

（三）特殊连接构造应在罕遇地震下安全可靠，复杂节点应进行详细的有限元分析，必要时应进行试验验证。

（四）对某些复杂结构形式，应考虑个别关键构件失效导致屋盖整体连续倒塌的可能。

第二十二条　关于屋盖的支座、下部支承结构和地基基础：

（一）应严格控制屋盖结构支座由于地基不均匀沉降和下部支承结构变形（含竖向、水平和收缩徐变等）导致的差异沉降。

（二）应确保下部支承结构关键构件的抗震安全，不应先于屋盖破坏；当其不规则性属于超限专项审查范围时，应符合本技术要点的有关要求。

（三）应采取措施使屋盖支座的承载力和构造在罕遇地震下安全可靠，确保屋盖结构的地震作用直接、可靠传递到下部支承结构。当采用叠层橡胶隔震垫作为支座时，应考虑支座的实际刚度与阻尼比，并且应保证支座本身与连接在大震的承载力与位移条件。

（四）场地勘察和地基基础设计应符合本技术要点第十五条和第十六条的要求，对支座水平作用力较大的结构，应注意抗水平力基础的设计。

第六章　专项审查意见

第二十三条　抗震设防专项审查意见主要包括下列三方面内容：

（一）总评。对抗震设防标准、建筑体型规则性、结构体系、场地评价、构造措施、计算结果等做简要评定。

（二）问题。对影响结构抗震安全的问题，应进行讨论、研究，主要安全问题应写入书面审查意见中，并提出便于施工图设计文件审查机构审查的主要控制指标（含性能目标）。

（三）结论。分为"通过"、"修改"、"复审"三种。

审查结论"通过"，指抗震设防标准正确，抗震措施和性能设计目标基本符合要求；对专项审查所列举的问题和修改意见，勘察设计单位明确其落实方法。依法办理行政许可手续后，在施工图审查时由施工图审查机构检查落实情况。审查结论"修改"，指抗震设防标准正确，建筑和结构的布置、计算和构造不尽合理、存在明显缺陷；对专项审查所列举的问题和修改意见，勘察设计单位落实后所能达到的具体指标尚需经原专项审查专家组再次检查。因此，补充修改后提出的书面报告需经原专项审查专家组确认已达到"通过"的要求，依法办理行政许可手续后，方可进行施工图设计并由施工图审查机构检查落实。

审查结论"复审",指存在明显的抗震安全问题、不符合抗震设防要求、建筑和结构的工程方案均需大调整。修改后提出修改内容的详细报告,由建设单位按申报程序重新申报审查。审查结论"通过"的工程,当工程项目有重大修改时,应按申报程序重新申报审查。

第二十四条 专项审查结束后,专家组应对质量控制情况和经济合理性进行评价,填写超限高层建筑工程结构设计质量控制信息表。

第七章附则

第二十五条 本技术要点由全国超限高层建筑工程抗震设防审查专家委员会办公室负责解释。

第七章 其 他

房屋高度(m)超过下列规定的高层建筑工程   表1

结构类型		6度	7度 (0.1g)	7度 (0.15g)	8度 (0.20g)	8度 (0.30g)	9度
混凝土结构	框架	60	50	50	40	35	24
	框架-抗震墙	130	120	120	100	80	50
	抗震墙	140	120	120	100	80	60
	部分框支抗震墙	120	100	100	80	50	不应采用
	框架-核心筒	150	130	130	100	90	70
	筒中筒	180	150	150	120	100	80
	板柱-抗震墙	80	70	70	55	40	不应采用
	较多短肢墙	140	100	100	80	60	不应采用
	错层的抗震墙	140	80	80	60	60	不应采用
	错层的框架-抗震墙	130	80	80	60	60	不应采用
混合结构	钢框架-钢筋混凝土筒	200	160	160	120	100	70
	型钢(钢管)混凝土框架-钢筋混凝土筒	220	190	190	150	130	70
	钢外筒-钢筋混凝土内筒	260	210	210	160	140	80
	型钢(钢管)混凝土外筒-钢筋混凝土内筒	280	230	230	170	150	90
钢结构	框架	110	110	110	90	70	50
	框架-中心支撑	220	220	200	180	150	120
	框架-偏心支撑(延性墙板)	240	240	220	200	180	160
	各类筒体和巨型结构	300	300	280	260	240	180

注:平面和竖向均不规则(部分框支结构指框支层以上的楼层不规则),其高度应比表内数值降低至少10%。

同时具有下列三项及三项以上不规则的高层建筑工程(不论高度是否大于表1)   表2

序	不规则类型	简要涵义	备注
1a	扭转不规则	考虑偶然偏心的扭转位移比大于1.2	参见 GB 50011—3.4.3
1b	偏心布置	偏心率大于0.15或相邻层质心相差大于相应边长15%	参见 JGJ 99—3.2.2
2a	凹凸不规则	平面凹凸尺寸大于相应边长30%等	参见 GB 50011—3.4.3
2b	组合平面	细腰形或角部重叠形	参见 JGJ 3—3.4.3
3	楼板不连续	有效宽度小于50%,开洞面积大于30%,错层大于梁高	参见 GB 50011—3.4.3

序	不规则类型	简要涵义	备注
4a	刚度突变	相邻层刚度变化大于 70%（按高规考虑层高修正时，数值相应调整）或连续三层变化大于 80%	参见 GB 50011—3.4.3，JGJ 3—3.5.2
4b	尺寸突变	竖向构件收进位置高于结构高度 20% 且收进大于 25%，或外挑大于 10% 和 4m，多塔	参见 JGJ 3—3.5.5
5	构件间断	上下墙、柱、支撑不连续，含加强层、连体类	参见 GB 50011—3.4.3
6	承载力突变	相邻层受剪承载力变化大于 80%	参见 GB 50011—3.4.3
7	局部不规则	如局部的穿层柱、斜柱、夹层、个别构件错层或转换，或个别楼层扭转位移比略大于 1.2 等	已计入 1~6 项者除外

注：深凹进平面在凹口设置连梁，当连梁刚度较小不足以协调两侧的变形时，仍视为凹凸不规则，不按楼板不连续的开洞对待；序号 a、b 不重复计算不规则项；局部的不规则，视其位置、数量等对整个结构影响的大小判断是否计入不规则的一项。

具有下列 2 项或同时具有下表和表 2 中某项

不规则的高层建筑工程（不论高度是否大于表 1） 表 3

序	不规则类型	简要涵义	备注
1	扭转偏大	裙房以上的较多楼层考虑偶然偏心的扭转位移比大于 1.4	表二之 1 项不重复计算
2	抗扭刚度弱	扭转周期比大于 0.9，超过 A 级高度的结构扭转周期比大于 0.85	
3	层刚度偏小	本层侧向刚度小于相邻上层的 50%	表二之 4a 项不重复计算
4	塔楼偏置	单塔或多塔与大底盘的质心偏心距大于底盘相应边长 20%	表二之 4b 项不重复计算

具有下列某一项不规则的高层建筑工程（不论高度是否大于表 1） 表 4

序	不规则类型	简要涵义
1	高位转换	框支墙体的转换构件位置：7 度超过 5 层，8 度超过 3 层
2	厚板转换	7~9 度设防的厚板转换结构
3	复杂连接	各部分层数、刚度、布置不同的错层，连体两端塔楼高度、体型或沿大底盘某个主轴方向的振动周期显著不同的结构
4	多重复杂	结构同时具有转换层、加强层、错层、连体和多塔等复杂类型的 3 种

注：仅前后错层或左右错层属于表 2 中的一项不规则，多数楼层同时前后、左右错层属于本表的复杂连接。

其他高层建筑工程 表 5

序	简称	简要涵义
1	特殊类型高层建筑	抗震规范、高层混凝土结构规程和高层钢结构规程暂未列入的其他高层建筑结构，特殊形式的大型公共建筑及超长悬挑结构，特大跨度的连体结构等
2	大跨屋盖建筑	空间网格结构或索结构的跨度大于 120m 或悬挑长度大于 40m，钢筋混凝土薄壳跨度大于 60m，整体张拉式膜结构跨度大于 60m，屋盖结构单元的长度大于 300m，屋盖结构形式为常用空间结构形式的多重组合、杂交组合以及屋盖形体特别复杂的大型公共建筑

注：表中大型公共建筑的范围，可参见《建筑工程抗震设防分类标准》GB 50223。超限高层建筑工程抗震设防专项审查申报表应包括以下内容：

1. 基本情况。包括：建设单位，工程名称，建设地点，建筑面积，申报日期，勘察单位及资质，设计单位及资质，联系人和方式等。如有咨询论证，应提供相关信息。

2. 抗震设防依据。包括：设防烈度或设计地震动参数，抗震设防分类；安全等级、抗震等级等；屋盖超限工程和风荷载控制工程尚包括相应的风荷载、雪荷载、温差等。

3. 勘察报告基本数据。包括：场地类别，等效剪切波速和覆盖层厚度，液化判别，持力层名称和埋深，地基承载力和基础方案，不利地段评价，特殊的地基处理方法等。

4. 基础设计概况。包括：基础类型，基础埋深，底板或筏板厚度，桩型、桩长和单桩承载力、承台的主要截面等。

5. 建筑结构布置和选型。对高度超限和规则性超限工程包括：主屋面结构高度和层数，建筑高度，相连裙房高度和层数；防震缝设置；建筑平面和竖向的规则性；结构类型是否属于复杂类型等。对屋盖超限工程包括：屋盖结构形式；最大跨度，平面尺寸，屋顶高度；屋盖构件连接和支座形式；下部支承结构的类型、布置的规则性等。

6. 结构分析主要结果。对高度超限和规则性超限工程包括：控制的作用组合；计算软件；总剪力和周期调整系数，结构总重力和地震剪力系数，竖向地震取值；纵横比方向的基本周期；最大层位移角和位置、扭转位移比；框架柱、墙体最大轴压比；构件最大剪压比和钢结构应力比；楼层刚度比；框架部分承担的地震作用；时程法采用的地震波和数量，时程法与反应谱法主要结果比较；隔震支座的位移。对屋盖超限工程包括：控制工况和作用组合；计算软件和计算方法；屋盖挠度和支承结构水平位移；屋盖杆件最大应力比，屋盖主要竖向振动周期，支承结构主要水平振动周期；屋盖、整个结构总重力和地震剪力系数；支承构件轴压比、剪压比和应力比；薄壳、网壳和拱的稳定系数；时程法采用的地震波和数量，时程法与反应谱法主要结果比较等。

7. 超限设计的抗震构造。包括：①材料强度，如结构构件的混凝土、钢材的最高和最低材料强度等级；②典型构件和关键构件的截面尺寸，如梁柱截面、墙体和筒体的厚度、型钢混凝土构件的截面形式、钢构件（或杆件）的截面形式和长细比、薄壳的截面厚度；③薄弱部位的构造，如短柱和穿层柱的分布范围，错层、连体、转换梁、转换桁架和加强层的主要构造，桁架、拱架、张弦构件的面外支撑设置；④关键连接构造，如钢结构杆件的节点形式、楼盖大梁或大跨屋盖与墙、柱的连接构造等。

8. 需要附加说明的问题。包括：超限工程设计的主要加强措施，性能设计目标简述；有待解决的问题，试验方案与要求等。制表人可根据工程项目的具体情况对以上内容进行增减。参考表样见表6、表7、表8。

超限高层建筑工程初步设计抗震设防审查申报表（高度、规则性超限工程示例）　表6

工程名称		申报人联系方式	
建设单位		建设面积	地上　　　万 m² 地下　　　万 m²
设计单位		设防烈度	度（　　g），设计　组
勘察单位		设防类别	类 ｜ 安全等级
建设地点		房屋高度和层数	主结构　　m（n=　）建筑　　m 地下　　m（n=　）相连裙房　　m
场地类别液化判别	类，波速　　覆盖层 不液化□液化等级　　液化处理	平面尺寸和规则性	长宽比
基础持力层	类型　　　埋深 桩长（或底板厚度） 名称　　　承载力	竖向规则性	高宽比
结构类型		抗震等级	框架　　　墙、筒 框支层　　加强层　　错层
计算软件		材料强度（范围）	梁　　　柱 墙　　　楼板
计算参数	周期折减 楼面刚度（刚□弹□分段□） 地震方向（单□双□斜□竖□）	梁截面	下部　　　剪压比 标准层
剪力系数（%）	X= Y=	柱截面	中部　　　轴压比 顶部　　　轴压比
自振周期（s）	X： Y：	墙厚	下部　　　轴压比 中部　　　轴压比
	T：		顶部　　　轴压比

165

最大层间位移角	X= （n= ）对应扭转比 Y= （n= ）对应扭转比	钢　梁 柱 支撑	截面形式　长细比 截面形式　长细比 截面形式　长细比
扭转位移比 （偏心5%）	X= （n= ）对应位移角 Y= （n= ）对应位移角	短柱 穿层柱	位置范围　剪压比 位置范围　穿层数
时程分析 波形 峰值	1　　　2　　　3	转换层 刚度比	位置n=　转换梁截面 X　　　Y
时程分析 剪力 比较	X= （底部），X= （顶部） Y= （底部），Y= （顶部）	错层	满布　局部（位置范围） 错层高度　平层间距
时程分析 位移 比较	X= （n= ） Y= （n= ）	连体 （含连廊）	数量　支座高度 竖向地震系数　跨度
弹塑性位移角	X= （n= ） Y= （n= ）	加强层 刚度比	数量　位置　形式（梁□桁架□） X　　　Y
框架承担的比例	倾覆力矩 X=　　Y= 总剪力　X=　　Y=	多塔 上下偏心	数量　形式（等高□对称□大小不等□） X　　　Y
控制作用	地震□　　风荷载□　　二者相当□ 风荷载控制时增加：总风荷载　风倾覆力矩　风载最大层间位移		
超限设计简要说明	（超限工程设计的主要加强措施，性能设计目标简述：有待解决的问题等等）		

超限高层建筑工程初步设计抗震设防审查申报表（屋盖超限工程示例）　　表7

编号：　　　　　　　　　　　　　　　　　　　　　　　　　　　　申报时间：

工程名称		申报人联系方式	
建设单位		建设面积	地上　万m²　地下　万m²
设计单位		设防烈度	度（ g），设计　组
勘察单位		设防类别	类　　安全等级
建设地点		风荷载	基本风压　地面粗糙度
			体型系数　风振系数
场地类别 液化判别	类，波速　　覆盖层 不液化□液化等级　液化处理	雪荷载	基本雪压 积雪分布系数
基础持力层	类型　埋深　桩长（或底板厚度） 名称　　　　承载力	温度	最高　　最低 温升　　温降
房屋高度和层数	屋顶　m 支座　m（n= ）地下　m（n= ）	平面尺寸	总长　总宽　直径 跨度　悬挑长度
结构类型	屋盖： 支承结构	节点和支座形式	节点： 支座：
计算软件 分析模型	整体□　　　上下协同□	材料强度（范围）	屋盖 梁　柱　墙
计算参数	周期折减　阻尼比 地震方向（单□双□竖□）	屋盖构件截面	关键　　长细比 一般　　长细比
地上总重支承 结构剪力系数（%）	屋盖 $G_E=$ 支承结构 $G_E=$ X=　　Y=	屋盖杆件内力 和控制组合	关键　应力比　控制组合 一般　应力比　控制组合 支座反力　　　控制组合

166

自振周期（s）	X： Y： Z； T：	屋盖整体稳定	考虑几何非线性 考虑几何和材料非线性
最大位移	屋盖挠度 支承结构水平位移 X＝ Y＝	支承结构抗震等级	规则性（平面□ 竖向□） 框架 墙、筒
最大层间位移	X＝ （n＝ ）对应扭转位移比 Y＝ （n＝ ）对应扭转位移比	梁截面	支承大梁 剪压比 其他框架梁 剪压比
时程分析 / 波形峰值	1 2 3	柱截面	支承部分 轴压比 其他部分 轴压比
时程分析 / 剪力比较	X＝ （支座），X＝ （底部） Y＝ （支座），Y＝ （底部）	墙厚	支承部分 轴压比 其他部分 轴压比
时程分析 / 位移比较	屋盖挠度 支承结构水平位移 X＝ Y＝	框架承担的比例	倾覆力矩 X＝ Y＝ 总剪力 X＝ Y＝
超长时多点 输入比较	屋盖杆件应力： 下部构件内力：	短柱 穿层柱	位置范围 剪压比 位置范围 穿层数
支承结构弹 塑性位移角	X＝ （n＝ ） Y＝ （n＝ ）	错层	位置范围 错层高度
起限设计简要说明	（超限工程设计的主要加强措施，性能设计目标简述；有待解决的问题等等）		

注：作用控制组合代号：1. 恒+活，2. 恒+活+风，3. 恒+活+温，4. 恒+活+雪，5. 恒+活+地+风。

超限高层建筑工程结构设计咨询、论证信息表　　　　　表8

工程名称		工程代号	
第一次 / 主持人		日期	
第一次 / 咨询专家			
第一次 / 主要意见			
第二次 / 主持人		日期	
第二次 / 咨询专家			
第二次 / 主要意见			
第三次 / 主持人		日期	
第三次 / 咨询专家			
第三次 / 主要意见			

超限高层建筑工程超限情况表　　　　　表9

工程名称	
基本结构体系	框架□ 剪力墙□ 框剪□ 核心筒-外框□ 筒中筒□ 局部框支墙□ 较多短肢墙□ 混凝土内筒-钢外框□ 混凝土内筒-型钢混凝土外框□ 巨型□ 错层结构□ 混凝土内筒-钢外筒□ 混凝土内筒-型钢混凝土外筒□ 钢框架□ 钢中心支撑框架□ 钢偏心支撑框架□ 钢筒体□ 大跨屋盖□ 其他□
超高情况	规范适用高度： 本工程结构高度：

工程名称	
平面不规则	扭转不规则□　偏心布置□　凹凸不规则□　组合平面□　楼板开大洞□　错层□
竖向不规则	刚度突变□　立面突变□　多塔□　构件间断□　加强层□　连体□　承载力突变□
局部不规则	穿层墙柱□　斜柱□　夹层□　层高突变□　个别错层□　个别转换□　其他□
显著不规则	扭转比偏大□　抗扭刚度弱□　层刚度弱□　塔楼偏置□　墙高位转换□　厚板转换□ 复杂连接□　多重复杂□
屋盖超限情况	基本形式：立体桁架□　平面桁架□　实腹式拱□　格构式拱□　网架□　双层网壳□ 　　　　　单层网壳□　整体张拉式膜结构□　混凝土薄壳□　单索□　索网□　索桁架□ 　　　　　轮辐式索结构□ 一般组合：张弦拱架□　张弦桁架□　弦支穹顶□　索穹顶□　斜拉网架□　斜拉网壳□ 　　　　　斜拉桁架□　组合网架□　其他一般组合□ 非常用组合：多重组合□　杂交组合□　开启屋盖□　其他□ 尺度：跨度超限□　悬挑超限□　总长度超限□　一般□
超限归类	高度大于350m□　高度大于200m□　混凝土结构超B级高度□　超规范高度□ 未超高但多项不规则□　超高且不规则□　其他□　屋盖形式复杂□　屋盖跨度超限□ 屋盖悬挑超限□　屋盖总长度超限□
综合描述	（对超限程度的简要说明）

超限高层建筑工程专项审查情况表　　　　　　　　　　　　　　表10

工程名称			
审查主持单位			
审查时间		审查地点	

审核专家组	姓名	职称	单位
组长			
副组长			
审查组成员 （按实际人数增减）			
专家组 审查意见	（扫描件）		
审查结论	通过□	修改□	复审□
主管部门给建设 单位的复函	（扫描件）		

超限高层建筑结构设计质量控制信息表（高度和规则性超限）　　表11

工程代号		评价
地上部分 重力控制	总重：　　　　单位面积重力： （总高大于350m时）墙占：　柱占：　楼盖占：　活载占：	一般□　偏大□　略偏小□

工程代号		评价
基础	类型： 底板埋深： 埋深率：	一般□ 略偏小□
控制作用	风□ 地震□ 二者相当□ 上下不同□ 剪力系数计算值与规范最小值之比：	一般□ 异常□ 一般□ 偏大□ 略偏小□
总体刚度	周高比（T1/√H）： 位移与限值比：	适中□ 偏大□ 略偏小□
多道防线	倾覆力矩分配： 首层剪力分配： 最大层剪力分配：	适中□ 偏大□ 略偏小□
典型墙体控制	最大轴压比： 界限轴压比高度： 最大平均拉应力及高度：	一般□ 偏大□ 一般□ 偏大□
典型柱控制	截面： 轴压比： 配筋率： 含钢率：	一般□ 偏大□ 略偏小□
典型钢构	截面： 长细比： 应力比：	一般□ 偏大□ 略偏小□
施工要求	一般□ 施工模拟□ 复杂□ 特殊□	一般□ 较难□
总体评价	结构布置的复杂性和合理性 综合经济性，必要时含用钢量估计	

注：处于常规范围用"良"或"一般"表示，常规范围以外用"优"或"高"、"低"等表示。

超限高层建筑结构设计质量控制信息表（屋盖超限） 表 12

工程代号		评价
重力控制	屋盖总重： 单位面积重力： 支承结构总重： 单位面积重力：	一般□ 偏大□ 略偏小□ 一般□ 偏大□ 略偏小□
控制作用	风□ 地震□ 二者相当□	一般□ 异常□
总体刚度	周跨比（T1/L）： 挠度与限值比：	适中□ 偏大□ 略偏小□
支承结构多道防线	倾覆力矩分配： 首层剪力分配： 最大层剪力分配：	适中□ 偏大□ 略偏小□
弦杆控制	最大应力比： 位置： 截面： 长细比：平均应力比	一般□ 偏大□ 略偏小□
腹杆控制	最大应力比： 位置： 截面： 长细比：平均应力比	一般□ 偏大□ 略偏小□
典型支座	柱距： 轴压比： 配筋率： 含钢率：	一般□ 偏大□
施工要求	一般□ 复杂□ 特殊□	一般□ 较难□
总体评价	屋盖结构布置的复杂性和合理性 支承结构布置的复杂性和合理性 综合经济性，必要时含用钢量估计	

注：处于常规范围用"良"或"一般"表示，常规范围以外用"优"或"高"、"低"等表示。

超限高层建筑抗震设计可行性论证报告参考内容：

一 封面（工程名称、建设单位、设计单位、合作或咨询单位）

二 效果图（彩色；可单列，也可置于封面或列于工程简况中）

三 设计名册（设计单位负责人和建筑、结构主要设计人员名单，单位和注册资格章）

四 目录

1 工程简况（地点，周围环境、建筑用途和功能描述，必要时附平、剖面示意图）

2 设计依据（批件、标准和资料，可含咨询意见及回复）

3 设计条件和参数

3.1 设防标准（含设计使用年限、安全等级和抗震设防参数等）

3.2 荷载（含特殊组合）

3.3 主要勘察成果（岩土的分布及描述、地基承载力，剪切波速和覆盖层厚度，不利地段的场地稳定评价等）

3.4 结构材料强度和主要构件尺寸

4 地基基础设计

5 结构体系和布置（传力途径、抗侧力体系的组成和主要特点等）

6 结构超限类别及程度

6.1 高度超限分析或屋盖尺度超限分析

6.2 不规则情况分析或非常用的屋盖形式分析

6.3 超限情况小结

7 超限设计对策

7.1 超限设计的加强措施（如结构布置措施、抗震等级、特殊内力调整、配筋等）

7.2 关键部位、构件的预期性能目标

8 超限设计的计算及分析论证（以下论证的项目应根据超限情况自行调整）

8.1 计算软件和计算模型

8.2 结构单位面积重力和质量分布分析（后者用于裙房相连、多塔、连体等）

8.3 动力特性分析（对多塔、连体、错层等复杂结构和大跨屋盖，需提供振型）

8.4 位移和扭转位移比分析（用于扭转比大于1.3和分块刚性楼盖、错层等）

8.5 地震剪力系数分析（用于需调整才可满足最小值要求）

8.6 整体稳定性和刚度比分析（后者用于转换、加强层、连体、错层、夹层等）

8.7 多道防线分析（用于框剪、内筒外框、短肢较多等结构）

8.8 轴压比分析（底部加强部位和典型楼层的墙、柱轴压比控制）

8.9 弹性时程分析补充计算结果分析（与反应谱计算结果的对比和需要的调整）

8.10 特殊构件和部位的专门分析（针对超限情况具体化，含性能目标分析）

8.11 屋盖结构、构件的专门分析（挠度、关键杆件稳定和应力比、节点、支座等）

8.12 控制作用组合的分析和材料用量预估（单位面积钢材、钢筋、混凝土用量）

9 总结

9.1 结论

9.2 下一步工作、问题和建议（含试验要求等）

五 论证报告正文（内容不要与专项审查申报表、计算书简单重复，可利用必要的图、表）

六 初步设计建筑图、结构图、计算书（作为附件，可另装订成册）

七 报告及图纸的规格A3（文字分两栏排列，大底盘结构的底盘等宜分两张出图，效果图和典型平、剖面图宜提供电子版）

附录2 优化设计技术措施

1 方案

1.1 梁

（1）对于框架结构次梁，力流的分配要均匀，梁的布置要多连续，充分利用梁端的负弯矩来协同工作。当柱网长宽比小于1.2时，在满足建筑的前提下，次梁要沿着跨数多的方向布置；当柱网长宽比大于1.5时，宜采用加强边梁的单向次梁方案。单向次梁应沿着跨度大方向布置，落在跨度小的主梁上，一起合力跨越大跨度，而不是依附其他梁上跨越长距离。

（2）对于楼面层的次梁，为了减小传力途径，可以把小于 2.4m 的填充墙下次梁去掉（200mm 厚），或者把小于 4m 的填充墙下次梁去掉（100mm 厚），局部附加钢筋。

（3）对于屋面梁，可以对次梁布置进行优化，因为次梁其上没有填充墙线荷载，是为了分隔板，可以去掉一些跨度不大的次梁。

（4）若非刚度及连接一字形墙的需要，不宜设置高连梁，因梁越高混凝土用量越大，构造配筋越多。连接较厚（350~400mm）剪力墙的连梁宽度若非刚度需要不一定与墙相同，这样可以减少不必要的梁构造配筋量及混凝土用量，省下的空间还可满足其他建筑功能的需要。

（5）当结构刚度不足时，应优先加大高效框架的截面，其他部位竖向构件满足竖向承重即可。对于抗侧刚度而言，加大梁高比加大竖向构件截面见效快，住宅可以利用窗台做上反梁。

（6）高层梁柱偏心问题（注意多层无要求），可以采用两端水平加腋来解决，不必加大整条梁截面。

1.2　板

（1）短边跨度比较小（比如小于 3.2m），屋面板在满足强度、裂缝挠度、防水等的前提下，没必要做 120mm，可做 100mm。

（2）屋面采用结构找坡（有施工条件时），一则可以减小荷载，二则可以节省建筑找坡用料，三则可以减少施工环节。

1.3　墙

剪力墙的布置原则是：外围、均匀、双向、适度、集中、数量尽可能少。周期比、位移比、剪重比的都与扭转变形与相对扭转变形有关，结构布置均匀及用减法都很有效。

优化原则如下：

（1）在满足周期比、位移比的前提下，通过剪力墙的轴压比与层间位移角，看剪力墙优化的可能性。一般是减小内部的剪力墙，对于 6 度、7 度区剪力墙间距一般为 6~8m；8 度区剪力墙间距一般为 4~6m。让剪力墙的布置尽量 x 或 y 方向两侧均匀；

（2）一个 33 层的剪力墙，可以每隔 8~10 层分段把剪力墙的长度变短，把剪力墙由 T 形变成 L 形等，一般变 2~3 次。

（3）电梯机房由于受力较小，为了减小边靴效应，可以不把剪力墙伸上去，而采用异形柱或者长扁柱。

（4）多布置 L 形、T 形剪力墙，尽量不用短肢剪力墙、一字形剪力墙、Z 形剪力墙。短肢剪力墙，一字形剪力墙受力不好且配筋大，而 Z 形剪力墙边缘构件多，不经济。对于 L 形剪力墙，其平面外有次梁搭接，可以增加一个 100mm 的小垛子，构造配筋即可，建模不建进去；

（5）楼梯间与电梯井一般剪力墙布置的比较多，造成刚度分布不均匀，可以减少楼梯间与电梯井的剪力墙（特别是电梯井），遵循外强内弱、均匀的原则。

（6）剪力墙最短长度一般可控制在 1650mm。

（7）住宅剪力墙应分布均匀，长度与受荷面积相适应，剪力墙较密的部位可以改用少量框架柱或短肢剪力墙，剪力墙布置在整体上应显得分散、稀疏，方便基础设计。

（8）剪力墙结构含有少量框架柱时，应控制框架柱承担的倾覆力矩在10%以内，避免按框架剪力墙结构设计而造成剪力墙抗震等级的提高。

（9）水平作用较大，按剪力墙结构设计层间位移角难以满足要求时，可以考虑加多一些框架柱，从而按框剪结构控制层间位移角。

（10）小高层（≤18层）剪力墙结构可以通过提高底部混凝土强度等级或适当加厚，控制轴压比不超过0.3，从而仅置构造边缘构件。

（11）剪力墙结构在高出最大位移角楼层两层以上的区域，剪力墙可以变一次截面，主要是减小墙肢长度。

（12）广东省内项目，当墙肢在标准层为一般剪力墙时，底部加厚之后仍为一般剪力墙，不管厚度为多少。广东省外项目，剪力墙在底部加厚，避免形成短肢墙。加厚的原则如下：计算需要（包括刚度不足、稳定性不够、超筋或配筋太大等原因）才加厚上部剪力墙若本身是一般剪力墙，在下部因计算需要加厚，应保证加厚之后仍为一般剪力墙。若上部墙长为1700，直接加厚为310，若上部墙长在（1700，2100）之间，可将下部墙加长至2100，厚度只需加厚至250即可。上部剪力墙若本身就是短肢墙，可以仅按计算要求加厚，不必一定要加到310成为一般剪力墙。

（13）剪力墙转换时尽可能控制被转换的剪力墙面积在10%以内，仅对转换构件进行加强，不必按框支剪力墙结构设计。《抗规》6.11、《高规》10.2.1、《广东高规》11.2.1条文说明。但仍属于竖向构件不连续。

（14）墙肢配筋较大，且建筑上有条件时，应适当加大墙肢长度，有时增加100～200，配筋都会显著减小。

1.4 柱

（1）≥400mm×400mm，且每10层0.3～0.4m²。

（2）建筑平面呈扁长矩形时，柱截面也宜选择矩形，短边沿平面纵向，保证柱刚度用在最需要的方向（平面横向）。

1.5 地下室

普通地下一层地下车库建安成本约1600元/m²，人防地下室约2300元/m²，地下一层加地下二层普通地下车库建安成本约2000～2200元/m²，地下一层普通地下车库，地下二层人防地下室的建安成本约2000～2500元/m²。在高层建筑大面积、多跨的地下车库中，应多采用垂直停车方式。而平行停车与斜角停车，仅应用于柱距较窄的某些跨度内。

1.5.1 柱距：

7.8m×7.8m（停3辆车，柱600mm×600mm，一侧有墙，则该侧8100mm的柱网），当采用扁柱时，也可以优化为7.6m×8.1m。对于地下室楼板次梁布置，一般采用单向连续布置次梁方案比较省，而不采用井字梁；当柱网为8m左右且覆土≤0.7m，可以采用十字梁方案。

也可以采用6m×16.8m的柱网，采用整体现浇装配式大跨度预应力车库板，由于采用了预应力，一般可减小些造价，由于柱子的减少，可以增加车位。

有条件时，可以采用7.8m×5.6m的柱网。

1.5.2 层高

非人防层高一般≤3.6m，人防一般≤3.7m；一般车库层高为3600mm，即700mm梁高＋400mm风管＋200mm喷淋＋100mm预留＋2200mm净高＝3600mm。车库室内最小净高应≥2.20m，但局部可≥2.0m.

优化方法：

1. 车道处净高为2.2m，保证车道处、及大部分的停车位处的净高为2.2m即可，无需把最不利空间的净高设置为2.2m。

2. 设备布置避开主车道；风道、喷淋等设备布置，设备管线交叉点尽量避开主车道，避免车库高度人为增高，减少浪费。

3. 设备用房处局部降板，车库与变配电间或水池等设备用房同层设计时，设备用房处局部降板，避免按设备房的高度设置层高。

1.5.3 覆土厚度

景观覆土一般不超过1.2m，确实要种大树，可采用局部堆土方式。

1.5.4 人防车库位置

独立地下车库必须按照比例配置人防地下室，每增加1m^{2}独立地下车库需配置0.3m^{2}人防地下室。人防应该尽量放在地下室的底层，由于地下室一层顶板与人防层底板都是施加人防荷载，设置在底层，可以利用较厚的构造底板去抵抗其荷载。人防地下室要设置一些设备用房，设置在底层，可以加减小剪力墙的数量。

1.5.5 地下室底板厚度及配筋

（1）如果几乎全部是构造配筋且抗冲切余量较大，可以适当的减小板厚。

（2）地下室底板抗浮时，厚度可参考以下规律：

应采用无梁底板，经验厚度（以下数据用于大柱网，采用小柱网时减少50mm）：

水头≤3m时，300mm；

3m＜水头≤4m时，350mm；

4m＜水头≤5m时，400mm；

5m＜水头≤6m时，450mm；

6m＜水头≤7m时，500mm，以此类推，每增加1m水头板厚增加50mm。

（3）地下室底板

规律：柱墩平面尺寸≤0.4倍柱距时，柱墩越大，底板可以取得越薄，经济性越好。通过调节柱墩大小，使跨中板带支座钢筋配筋率刚好为0.15％。底板下地基土为老土时，底板向下作用的恒载和活载直接由底板下地基土承受。人防底板应按战时和平时荷载作两次分析，若受力钢筋由平时荷载控制，通长钢筋配筋率可取0.15％而不是0.25％。地基承载力较高时，按独立基础加防水板设计比按筏板设计要经济。

1.5.6 地下室外墙厚度

（1）如果构造配筋较多，一般可以减小地下室外墙的厚度。

（2）根据外墙高度选择不同的厚度，一般取计算高度的1/15。

（3）把外墙的最大配筋率控制在0.5％左右。地下室外墙不设置外墙暗梁，也不设置基础梁。

（4）按正常计算的外墙厚度＞500mm时，考虑对底部弯矩进行调幅。

（5）当外墙计算高度大时，通过设置扶壁柱、肋梁等改变外墙的传力模式。

（6）在不影响建筑使用的情况下，楼盖跨度较大的部位尽量加柱子；框架梁在外墙的支座位置仅设置暗柱，截面为墙厚×600～800，视配筋大小而定。

1.5.7 地下室顶板厚度

在满足计算的前提下，有些地方可以取到160mm或200mm，而不是250mm。

1.5.8 地下室抗浮

根据当地习惯和造价因素综合确定抗浮方案。一般来讲，若已设置抗压桩时则顺带利用抗拔桩抗浮比较经济，否则采用锚杆抗浮可能比较经济，若结构自重和水浮力相差不多时，可以采用增加配重抗浮。注意：华南地区锚杆造价较高，华东地区则相对便宜得多。

地下室底板外挑，考虑外挑部分的覆土压重，可以节省部分抗浮措施费用。当采用管桩抗浮且抗拔桩数量较多时，可以考虑在柱下设置抗拔兼抗压桩，在底板跨中设置纯抗拔桩，直接抵消部分水浮力，减小底板配筋，抗拔桩仅以桩长控制即可，无需按抗压桩严格控制贯入度，方便施工。地下室抗浮计算时，一般直接用SATWE的恒载计算值，不用手算恒载计算值。

1.5.9 坡道

（1）有条件时，坡道底板两侧应尽量采用斜梁支撑，而不是采用混凝土墙，一来节省材料，二来坡道下空间可以利用。

（2）坡道底板应尽量设置次梁，减小坡道底板的厚度。

（3）为施工方便，坡道起坡的三角形位置采用C15素混凝土回填，回填的最大高度不超过1m。

（4）坡道位于地下室范围外的部分，坡道底板应随建筑起坡，不得做双层板或将坡道侧墙落低与地下室相平，该部分也不必打桩。

1.5.10 其他

（1）去除停车死角（无法停车）位置，减少无效面积；充分利用地库角部空间，布置机房及竖向交通口。

（2）地下室顶板采用结构找坡。

1.6 基础及底板

（1）由于建筑场地土类型无法改变，作为一名结构工程师能够做的，就是根据不同的地质条件，采取不同的方法及进行正确的基础选型，一般来说从经济性的角度考虑，天然地基＞地基处理＞桩基础。在实际设计中，地面以下5m以内（无地下室）或底板板底土的地基承载力特征值（可考虑深度修正）f_a 与结构总平均重度 $p=np_0$（p_0 为楼层平均重度，n 为楼层数）之间关系对基础选型影响很大，一般规律如下：

若 $p \leqslant 0.3 f_a$，则采用独立基础；

若 $0.3 f_a < p \leqslant 0.5 f_a$，可采用条形基础；

若 $0.5 f_a < p \leqslant 0.8 f_a$，可采用筏板基础；

若 $p > 0.8 f_a$，应采用桩基础或进行地基处理后采用筏板基础。

（2）能采用独立基础＋防水板时，不采用筏板基础。

（3）剪力墙下布置装基础时，尽量采用墙下布置桩且布置在端部，减小其传力途径，承台梁一般可以构造配筋。

（4）对于筏板基础，一般按 50mm 每层估算一个筏板厚度，其实这只是一个传说。筏板厚度与柱网间距、剪力墙间距、楼层数量关系最大，其次与地基承载力有关。一般来说柱网越大、楼层数越多，筏板厚度越大。对于 20 层以上的高层剪力墙结构，6、7 度可按 50mm 每层估算，8 度区可按 35mm 每层估算（因为剪力墙比较密且墙长，可以从无梁楼盖跨度变小板厚变小的道理去类比）；对于框剪结构或框架-核心筒结构，可按 $50\sim60$mm 每层估算。局部竖向构件处冲切不满足规范要求时可采用局部加厚筏板或置柱墩等措施处理。当按估算的板厚布置筏板后，一般可以用以下两种方法判断筏板厚度是否合适，第一，点击【筏板/柱冲板、单墙冲板】，看 R/S 值大小，柱、边剪力墙的抗冲切R/S应大于 1.2，因为不平衡弯矩会使得冲切力增大，对于中间的柱或剪力墙，其 R/S 应大于 1.05，留有一定的安全余量，如果比值远远大于上面的 1.2 或 1.05，说明板厚可减小；第二，点击【桩筏、筏板有限元计算/结果显示/配筋量图 ZFPJ.T】，如果单层配筋量（按 0.15% 计算）为构造，一般可能板厚有富余，可减小，如果配筋量太大，则有可能板厚偏小。

（5）当桩直径≥柱直径时，可以不设置桩帽。

（6）地下室防水板一般采用无梁楼盖形式比较经济，当地下室水位较高时，才采用有梁楼盖。

（7）锚杆布置调整。

（8）承台梁挑柱子（荷载不大），而不是柱下设置桩基础。

（9）基础持力层标高不同时，可以采用抓大放小的办法，局部采用换填。

（10）桩承载力利用率（＝竖向总荷载/桩抗压总承载力）要达到 85％ 以上。

（11）同一种桩型条件下，有多种布桩方案时，应尽量减少桩的数量，可减少施工费用和检测费用。

（12）灌注桩一般选择中风化为持力层，选择强风化为持力层时宜扩底，事前要向甲方征询扩底的可行性，各地施工工艺和习惯差异较大。当桩长较长或者端阻力较小时，应按规范要求考虑桩侧摩阻力。

（13）采用灌注桩时，柱下宜采用单桩，剪力墙下宜采用两桩。

（14）核心筒下采用灌注桩时，桩应沿着墙体轴线布置，即桩应布置在墙下，大致保证局部平衡，可以减小冲切厚度和弯曲应力。

（15）管桩单柱竖向抗压承载力根据规范估算公司计算，一般取值较低，应结合试桩结果和地区经验取值，适当提高单桩承载力。

（16）承台厚度受角桩冲切控制，异形承台或者剪力墙的承台应采用公司表格精确确定承台厚度，承台受弯配筋可参考 JCCAD 等软件的有限元分析结果，或根据简化的手算确定。承台所需抗冲切厚度太大时，可以考虑加大承台外挑尺寸，增加冲切破坏锥体周长，从而减小承台厚。条形承台厚度一般由抗剪验算控制，考虑加大承台宽度比加大承台厚度效率更高。承台能分则分，尽量拆分为若干个独立承台，受力简单，配筋经济。

（17）地下室范围外的独立基础，截面应采用阶型或坡型，平面尺寸不大于 2m 或者根部厚度不大于 500 时采用坡型，其他情况采用阶形。因为最小配筋是按等效截面控制，不是按根部厚度控制。独立基础边长≥2500mm 时，板底钢筋长度取 0.9 倍边长。

1.7　其他

（1）建筑体形

建筑外部体形的长宽比例、对称性以及复杂程度直接影响建筑物结构成本高低，同时建筑体形对节能产生较大影响。优化原则：高层建筑单体应选择对称形式；地层建筑尽量形体简单；考虑抗震及成本要求。

（2）土方工程

外运及外购土方在项目实施过程中不仅耗费大量成本而且耗费极大精力，且为隐性成本，对客户并无直接价值体现，应尽可能减少土方外运及外购量。优化原则：尽可能按原有地势建造产品，例如在坡地上建造坡地建筑，在洼地中建造地下室；能有效减少动土量。

（3）建筑层高

建筑层高直接影响建筑柱、墙体、垂直向管道管线的工程量，一般来说建筑物每增加0.1m，单层建筑成本增加2%左右。在高层建筑中层高的累计则会对建筑的基础产生较大影响。钢筋含量和混凝土含量是体现结构设计经济性的最终检验指标，采用限额设计能有效地对设计院的设计工作进行约束。优化原则：无特殊情况，层高采用2.8m。

（4）减少沉降缝设置

每设置一条沉降缝，不仅要增加缝自身的装饰费用，缝两侧也要增加柱、墙及基础的费用，因此沉降缝数量宜越少越好。优化原则：在符合设计规范的情况下，减少沉降缝设置。

（5）优化转换层

转换层是指柱网的转换，高层建筑中由于地下室柱网与上部住宅柱网的布置差异巨大，一般设置转换层。转换层由于承受上部全部荷载，往往出现界面巨大的转换梁，转换层用钢量与混凝土用量一般而言非常大，设计中应予以关注。

（6）结构抗震等级是影响结构成本的重要因素，房屋高度值又是选定抗震等级的重要参数，当房屋高度值稍大于分界值时，应主动请建筑专业降低房屋高度值。

（7）复杂项目应对地下室和裙房的抗震等级进行精细划分。裙房单独确定的抗震等级低于塔楼时，应设缝将裙房和塔楼断开。

（8）采取一定措施后，伸缩缝间距可以放宽（双柱、双墙、双梁会增加造价），一般措施为：

要求建筑专业加厚屋面保温层的厚度；按30～40m左右的间距设置伸缩后浇带；尽量沿长度方向设置连续次梁；板面筋拉通配置。

2　钢筋与水泥

2.1　梁

（1）钢筋混凝土构件中的梁柱箍筋的作用一是承担剪（扭）力，二是形成钢筋骨架，在某些情况下，加密区的梁柱箍筋直径可能比较大、肢数可能比较多，但非加密区有可能不需要这么大直径的箍筋，肢数也不要多，于是要合理的设计，减少浪费，比如当梁的截面大于等于350mm时，需要配置四肢箍，具体做法可以将中间两根负弯矩钢筋从伸入梁长 $L/3$ 处截断，并以2根12的钢筋代替作为架立筋。钢筋之间的直径应合理搭配，梁端部钢筋与其用2根22，还不如用3根18，因通长钢筋直径小。

（2）除非内力控制计算梁的截面要求比较高，否则不要轻易取大于570mm梁高，这样避免配一些腰筋。跨度大的悬臂梁，当面筋较多时，出角筋需伸至梁端外，其余尤其是第二排钢筋均可在跨中某个部位切断。

（3）梁的裂缝稍微超一点没关系，不要见裂缝超出规范就增大钢筋面积，PKPM 中梁的配筋是按弯矩包络图中的最大值计算的，在计算裂缝时，应选用正常使用情况下的竖向荷载计算，不能用极限工况的弯矩计算裂缝。SATWE 计算配筋和裂缝时都是按单筋矩形梁计算的，而工程中实际的梁基本上都是有翼缘的，受压区也是有配筋的。在实际设计中，对于住宅结构，一般裂缝小于 0.35mm 均可不管。

（4）对于次梁（非抗震梁），纵筋可以采用搭接的方式（跨度＞4m），可以减小含钢量。对于梁腰筋，最小直径可取 10mm，没必要都取 12mm。

（5）次梁跨度≥4m 且次梁端部配筋直径级别较大时，可以采用搭接的形式。对于主梁，当跨度 4m 且主梁端部纵筋直径较大时，除了面筋可以采用 2 根 12 的钢筋代替作为架立筋外，角筋也可以截断，用 2 根 10 或 2 根 12 搭接。主梁底筋在端部范围可以截断。

（6）三级钢和一级钢价格非常接近，梁柱箍筋计算和配筋采用三级钢。

（7）梁箍筋采用三级钢计算，框架梁抗震等级为四级或者次梁高度不大于 800mm 时，可以采用直径为 6mm 的箍筋。

（8）次梁架立筋：梁跨≤6m 时，$\phi10$；梁跨＞6m 时，$\phi12$。

（9）底筋超过两排时仅底面第一排全长贯通，第二排和第三排可以在靠近支座位置截断仅用于地下室顶板和商业框架的梁，高层塔楼不用。

（10）尽量用板底附加钢筋代替小次梁，小次梁截面高度应按计算选取，最小宽度可取 150mm，最小高度可取 250mm，特别是管井处小梁的截面，不要一律为 200mm×400mm。

（11）梁截面宽度选择时，应尽量避免四肢箍筋的梁宽（b＜350mm），必要时可选用 3 肢箍筋。框架梁梁宽≥350mm 时，其跨中采用两根通长筋＋两根架立钢筋的配筋形式。

（12）梁截面高度受到限制时，可采取变截面高度梁、竖向加腋、水平加腋、加牛腿等措施。梁支座面筋较大时，采用梁端竖向加腋后，一般可减小梁面筋量约 40%～50%。

（13）抗震等级特一级时，梁端加密区箍筋直径 $\phi10$，但非加密区直径仍可取 $\phi8$。例：框架梁截面 300mm×600mm，加密区长度 2×600mm＝1200mm，箍筋设计为：12ϕ10@100/ϕ8@200（2）。

（14）框支梁计算中，如果剪扭比超限，此时查内力中的纯剪力，即框支梁截面满足纯剪力不超限就通过，剪扭比超限另采取构造措施（计算中不理会剪扭比超限）：梁底加抗扭腋板、加另向次梁等）。

2.2　板

（1）板计算时，可采用塑形计算方法，塑性计算方法配筋经济，而弹性计算方法，支座负钢筋会很密，直径会很大，对于大板，支座钢筋可能用到 12@200～14@100。由于板的设计一般不考虑抗震，属于纯粹的静力计算，所以安全储备不必太大，可以用塑性计算方法。任何一个钢筋混凝土构件都是带缝工作的，如果混凝土不拉裂，钢筋永远不会发挥作用，这时候的裂缝，包括塑性计算的构件，开裂不会对结构造成安全影响，当承载力并未达到极限状态时，结构不会出现较大裂缝。一般按塑性计算方法设计时，实际配筋要略大于计算配筋，以防踩到了极限值。对于塑性计算方法，塑性系数（支座弯矩与跨中弯矩之比）＝1.4 比较合理。

（2）板的混凝土强度等级一般取 C25，也可以取 C30，屋面板 C30，基础底板 C35，强度等级太高，易开裂。当板混凝土强度等级取 C25 时，底筋如果不是出于计算控制，可以采用 6@170，而非 8@200。

（3）板需要双层双向拉通配筋时，拉通钢筋的直径尽量小，附加钢筋的量不小于拉通钢筋。钢筋间距按计算实配，不作归并。

（4）板跨较小时，厨、厕下沉板分界处不设置小梁，按折板设计。

（5）在板面钢筋双向拉通且附加支座短钢筋时，附加支座短钢筋可取消 90°的直钩。

2.3 墙

（1）若边缘构件为构造配筋，在满足构造配筋的前提下，非主要受力部位（两端）的墙身最小直径可取 10mm。

（2）对于构造边缘构件，T 形或 L 形翼缘处箍筋可按构造设置。

（3）对带翼缘的边缘构件为计算配筋且配筋量较大时，建议用"剪力墙组合配筋"重新计算该边缘构件。

（4）约束边缘暗柱体积配箍率计入墙身水平分布筋的作用，箍筋也采用两种直径搭配，外箍采用较大直径。

2.4 柱

（1）局部的问题做局部的特殊处理，不要因为局部的不足而造成整体上的加大。例如：局部墙柱轴压比不足时，加大局部墙柱截面而不是提高整体混凝土强度。

（2）柱纵筋直径选择原则是，在四角放置最大限度的直径（钢筋直径相差不得大于 2 级）。

（3）当框架柱和框支柱的箍筋满足以下条件时，其轴压比可增加 0.10：

1）沿柱全高采用井字复合箍；

2）箍筋间距不大于 100mm；

3）箍筋肢距不大于 200mm；

4）箍筋直径不小于 12mm。

（4）柱箍筋形式要最大限度减小重叠部分（允许用拉筋处，尽量不用箍筋），因重叠部分不计入体积配箍率。

2.4 地下室

《全国民用建筑结构技术措施》2009-结构 p14：按《混凝土结构设计规范》GB 50040—2010 公式计算得到的钢筋混凝土受拉、受弯和偏心受压构件的裂缝宽度，对处于一类环境中的民用建筑钢筋混凝土构件，可以不作为控制工程安全的指标。厚度≥1m 的厚板基础，无需验算裂缝宽度。在实际工程中，普通地下室顶板不必按《地下工程防水技术规范》GB 50108—2001 4.1.6 条执行，其承受的水压力比较小，防水质量和效果比较好，地下室次梁，当采用 300mm 宽能算下来时，不采用 350mm 宽，否则应采用四肢箍。地下室顶板梁计算时，根据工程经验，梁不按裂缝控制配筋。主梁端部竖向加腋，减小支座钢筋。人防顶板在战时工况下可按塑性设计，与平时工况取包络。变形缝在地下室的处理：顶板的梁板拉通，墙柱在地下室仍然分开。

2.5 基础

（1）对于筏板基础，墙冲切范围内若计算结果如果很大，一般可不理会，可构造配筋或适当加强。基础梁纵筋尽量用大直径的，比如 HRB400 的 30、32、36 的钢筋。基础梁剪力很大，优先采用 HRB400 级的。基础梁不宜进行调幅，因为减少调幅，可减少梁的上部纵向钢筋，有利于混凝土的浇筑。筏板基础梁的刚度一般远远大于柱的刚度，塑性较一般出现在柱端，而不会出现在梁内，所以基础梁无需按延性进行构造配筋。如果底板钢筋双向双排，且在悬挑部分不变，阳角可以不必加放射钢筋。对于有地下室的悬挑板，不必把悬挑板以内的上部钢筋通长配置在悬挑板的外端，单向板的上层分布钢筋可按构造要求设置，比如 10@150～200，因为实际不参与受力，只要满足抗裂要求即可。

（2）一般情况下筏板基础不需要进行裂缝验算。原因是筏板基础类似与独立基础，都属于与地基土紧密接触的板，筏板和独基板都受到地基土摩擦力的有效约束，是属于压弯构件而非纯弯构件。因此筏板基础和独基一样，不必进行裂缝验算，且最小配筋率可以按 0.15% 取值。因为基础梁一般深埋在地面下，地上温度变化对之影响很小，同时基础梁一般截面大，机械执行最低配筋率 0.1% 的构造，会造成梁侧的腰筋直径很大。一般可构造设置，直径 12～16mm，间距可取 200～300mm。

（3）筏板基础配筋应根据有限元计算结果，采用构造钢筋拉通，局部附加短筋的形式，可以忽略计算结果明显偏大的应力峰值。

（4）筏板封边构造，当筏板厚度≥700 时，另外设置小直径封边构造钢筋，当筏板厚度＜700 时，采用面筋和底筋交错的封边方式。

2.6　承台

（1）对于单桩承台，最小配筋可不必按最小配筋率 0.15% 进行控制，由于单柱单桩承台一般叫桩帽，其受力状态与承台是完全不同的，一般配 12@150 即可。

（2）剪力墙下布桩，由于剪力墙结构具备极大整体抗弯刚度，故可将上部结构视为承台，此时布置的条形承台（梁）可以认为是"底部加强带"，同时方便钢筋锚固及满足局部受压。承台（梁）宽度可为 200mm＋桩径，高度为 600mm，在构造配筋的基础上适当放大即可。

2.7　楼梯

（1）梯段板支座负筋应通长设置。支座负筋通长设置时因为在水平力作用下，楼梯斜板、楼板组成的整体有来回"错动的趋势"，即拉压受力，所以双层拉通。但是在剪力墙核心筒中外围剪力墙抵抗了大部分水平力产生的倾覆力矩，内部的应力小，斜撑效应弱很多，不必按双层拉通做。

（2）当地震烈度为 7 度、8 度时，考虑地震作用时的反复性，一般面筋可比底筋小一个强度等级，比如底筋 14@150，则面筋可为 12@150。地震烈度为 6 度时，由于地震作用较小，面筋可按底筋的 1/4 取，并不小于 8@200。

（3）按板式楼梯设计梯板厚度超过 180mm 时，应改为梁式楼梯。

2.8　水泥

正常情况下，混凝土强度等级的高低对梁的受弯承载力影响较小，对梁的截面及配筋影响不大，所以梁不宜采用高强度等级混凝土，无论是从强度还是耐久性角度考虑，C25～C30 是比较合适的。混凝土强度等级对板的承载力也几乎没有影响，增大板混凝土强度等级可能会提高板的构造配筋率，同时还会增加板开裂的可能性，对现浇板来说，无论是从强度还是耐久性角度考虑，C25～C30 是比较合适的。普通的结构梁板混凝土强度等级一般控制在 C25～C30。

3 建模分析

3.1 软件操作

(1) 周期折减系数：该系数的取值直接影响到竖向构件的配筋，如果盲目折减，势必造成结构刚度过大，吸收的地震力也增大，最后柱配筋随之增大。实际上，周期折减系数应根据填充墙的实际分布情况来选择，在实际设计中，厂房和砖墙较少的民用建筑，周期折减系数一般取 0.80～0.85，砖墙较多的民用建筑取 0.6～0.7，（一般取 0.65）。框架-剪力墙结构：填充墙较多的民用建筑取 0.7～0.8，填充墙较少的公共建筑可取大些（0.80～0.85）。剪力墙结构：取 0.9～1.0，有填充墙取低值，无填充墙取高值，一般取 0.95。空心砌块应少折减，一般可为 0.8～0.9。

(2) 地震信息的选择：双向地震作用计算，本质是对抗侧力构件承载力的一种放大，属于承载能力计算范畴，不涉及对结构扭转控制和对结构抗侧刚度大小的判别。一般当位移比超过 1.3 时（有的地区规定为 1.2，过于保守）时选取"考虑双向地震"，程序会对地震作用放大，结构的配筋一般会加大，但位移比及周期比，不看"双向地震作用"的计算结果，而看"偶然偏心"作用下的计算结果。

(3) 采用 PKPM 软件时，不得让程序自动计算楼板自重，因为程序自动计算时容重采用的是总信息中填入的容重数值（26/27），而不是 25。

(4) 梁扭矩折减系数和连梁刚度折减系数尽量取低值。

(5) 对框架结构，梁端应简化为刚域。

(6) 框架两端配筋考虑受压钢筋。

(7) 采用 JCCAD 进行基础设计（含桩基、独立基础及筏形基础）或荷载统计时，应在 JCCAD 的参数设置里对楼面活荷载进行折减。

3.2 荷载

(1) 地下室荷载

一般民用建筑的非人防地下室顶板（±0.000m）的活荷载宜 $4kN/m^2$（室外顶板），有景观、堆载等或者消防车时应适当加大。有的设计单位不分情况地下室顶部活荷载取值为 $10kN/m^2$ 是不对的，规范中的 10 是考虑了上部结构施工过程中加在地下室顶板上的脚手架等施工荷载，但是在实际的施工过程中这个活荷载往往和覆土荷载不是同时组合的，有经验时，可以取 $4kN/m^2$。对于地下室室内顶板，可以按"荷规"中普通房间取并适当考虑施工荷载。地下室顶覆土，是按恒载考虑还是按活载考虑要看覆土变动是否频繁，一般情况下的覆土可按恒载考虑。

算地下室外墙承载力时，如勘察报告已提供地下水外墙水压分布时，应按勘察报告计算。如果勘察报告没有提供上述资料，可取历史最高水位与最近 3～5 年的最高水位的平均值（水位高度包括上层滞水），水压力取静水压力并按直线分布计算。地下水位以下土的重度取浮重度。

地下室顶板有消防车荷载时，主梁与次梁应该按照荷载规范规定进行折减。梁柱配筋计算时，所有活荷载（含消防车荷载）乘以 0.8 折减系数，考虑活荷不利布置；板配筋计算不折减。

(2) 隔墙线荷载

隔墙费用占房屋造价的 12% 左右。可采用轻质隔墙，减少每层的重量，减小地震作用，减少基础设计费用。填充墙开门窗洞口处，应精确选取线恒载，不得随意加大。

（3）楼面（尤其是屋面）应根据建筑做法确定面恒载，取值不要千篇一律。高层设缝结构，设置防震缝位置的风荷载遮挡系数，减小风荷载作用。出屋面有 2 个及以上的小塔楼时，应设置多塔，以免高估了风压面积。

（4）地下室抗浮设计水位

地勘报告中提出的抗浮设计水位多为室外地面或室外地面以下 0.5m，应结合项目实际情况和审图单位进行沟通，是否可以取周边市政道路的最低点或者地下车库出入口的最低点。

（5）多层地下室时，可考虑地下各层楼盖对冲击波的衰减作用，每层衰减按 15% 取值。例：人防顶板上面另有 n 层地下室楼板时，人防等效静荷载×$(1-n×15\%)$。执行本条应事先取得审图单位认可。

防空地下室底板宜按防水板而不是筏板设计，可以大大减小人防等效静荷载。当防空地下室未设在多层地下室的最下层时，按《人防规范》4.8.12 进行临战封堵，防空地下室底板可以不用考虑人防等效静荷载。根据《人防规范》4.7.2 条，当覆土厚度大于 1.5m 时，常 6 级顶板可以不计入常规武器爆炸作用下的等效静荷载。

附录 3　建筑结构含钢量统计

1. 当结构规则、场地条件良好等结构有利条件下，建筑结构含钢量统计如表 1 所示，具体要视工程情况而定。

建筑结构含钢量统计　　　　　　　　　　　　　　　表 1

设防烈度	18 层（<60m）		26 层（<80m）		33 层（<100m）	
	钢筋含钢量（kg/m²）	混凝土含量（m³/m²）	钢筋含钢量（kg/m²）	混凝土含量（m³/m²）	钢筋含钢量（kg/m²）	混凝土含量（m³/m²）
6 度	32	0.32	35	0.36	39	0.38
7 度	35		38		45	
8 度	42	0.35	46	0.39	50	0.41

2. 某著名地产公司钢筋及混凝土设计限额指标如表 2 所示，需要注意以下几点：

（1）本限额指标作为各下属公司一般工程结构含钢量及混凝土含量的上限，设计任务书中的设计限额指标应根据工程特点在此基础上进行调整，且不得超过本指标。

（2）结构钢材及混凝土包含剪力墙、柱、梁、楼板、空调板、窗台板、阳台栏板、外墙线脚、屋顶构件等混凝土结构的受力及构造钢筋；不含施工措施及损耗部分钢筋、预埋件钢筋、圈梁、过梁、构造柱、砌体拉结筋、混凝土墙梁与砌体间加挂的钢丝网等。

（3）结构面积 S 的定义如下：$S=S_1+S_2+S_3+S_4$

S_1＝建筑面积（不含架空层面积）

S_2＝对于有顶盖的外挑阳台、露台、结构连接板等按一半面积计入结构面积；小于 2.2m 层高的全部楼板面积计入结构面积；凹阳台应全部计入结构面积；层高较高而未计入建筑面积的入户花园、走廊等上有顶盖的楼板面积应计入结构面积；空调板、建筑线脚等凸出构件不计入结构面积。

表 2

钢筋及混凝土设计限额指标

建筑类型	结构部分	各地区含钢量限额指标（kg/m²）					各地区混凝土含量限额指标（m³/m²）				
		丹东、营口、潍坊、瓦房店	上海、鞍山、辽阳、盘锦、沈阳、大连、本溪、太仓	深圳、中山、佛山、成都、珠海、广州、普宁、常州	无锡、惠州、东莞、武汉、绥中、江阴、博罗、长沙、杭州	株洲、南充	丹东、营口、潍坊、瓦房店	上海、鞍山、辽阳、盘锦、沈阳、大连、本溪、太仓	深圳、中山、佛山、成都、珠海、广州、普宁、常州	无锡、惠州、东莞、武汉、绥中、江阴、博罗、长沙、杭州	株洲、南充
普通多层住宅及公寓（7层或20m及以下）	上部结构	46	43	40	39	37	0.36	0.36	0.36	0.36	0.36
	独栋自带全埋地下室	107	105	100	100	98	0.80	0.80	0.80	0.80	0.80
小高层住宅及公寓（7层≤建筑层数<12层）	上部结构	47	45	41	39	37	0.38	0.38	0.38	0.36	0.36
	独栋自带全埋地下室	117	115	110	110	108	0.80	0.80	0.80	0.80	0.80
高层住宅及公寓（建筑高度<60m）	上部结构	48	46	44	42	40	0.39	0.39	0.38	0.36	0.36
高层住宅及公寓（60m≤建筑高度<80m）	上部结构	49	47	46	43	41	0.39	0.39	0.39	0.37	0.37
高层住宅及公寓（80m≤建筑高度<100m）	上部结构	52	50	48	47	45	0.40	0.40	0.39	0.39	0.39
高层住宅及公寓（100m≤建筑高度<120m）	上部结构	55	53	51	50	48	0.41	0.40	0.40	0.40	0.40
花园洋房	上部结构	49	47	44	41	39	0.40	0.40	0.40	0.40	0.40
	独栋自带全埋地下室	102	100	95	95	93	0.80	0.80	0.80	0.80	0.80
别墅、双拼、TOWNHOUSE	上部结构	51	49	45	43	41	0.42	0.42	0.42	0.42	0.42
	独栋自带全埋地下室	97	95	90	90	88	0.80	0.80	0.80	0.80	0.80
连接各主体结构的综合全埋地下室（含楼板）6级人防地下室	一层地下室	147	145	140	135	133	1.20	1.20	1.15	1.15	1.15
	二层及二层以上地下室	137	135	130	130	128	1.05	1.05	1.00	1.00	1.00

S_3＝未计入建筑面积的凸窗面积

S_4＝楼板开洞所预留的"赠送面积"，此部分面积的钢筋含量指标比对应限额指标低8kg/m²，混凝土含量指标比限额指标低0.11m³/m²。

（4）本限额指标对应的上部结构均指无结构转换层的正常上部结构，当在三层或以上层数以上设有结构转换层（转换率在30％以上）时，转换层以上的上部结构钢筋限额指标可以提高2kg/m²。

（5）所有地下室均按照地下水位在地表以下1.5m以内的情况考虑，当地下水位低于此情况时，应酌情降低限额。

（6）所有全地下室均按照覆土厚度为约1.2m考虑，当覆土厚度低（高）于此情况0.3米时，可酌情降低（增加）钢筋限额指标约5kg/m²。

（7）人防地下室按照6级人防标准考虑，若实际人防标准高于6级，可酌情考虑提高地下室人防范围的限额指标。

（8）对于地下室，本限额指标对应的普通桩基础或其他非筏板基础，当采用整体筏板基础或整体桩筏基础时，应酌情考虑提高整体地下室钢筋限额指标约20kg/m²，混凝土指标约0.20m³/m²。

（9）当高层主楼的首层面积超过地下室单层面积的30％时，可酌情考虑提高地下室限额指标。

（10）当地下室的人防结构面积大于85％时，钢筋限额指标可提高10～20kg/m²；当地下室的人防结构面积小于15％时，钢筋限额指标可降低10～20kg/m²。

（11）以上数据除花园洋房、别墅、双拼、TOWNHOUSE外的建筑均按照层高2.9m考虑，当层高增加或减少0.1m时，钢筋指标增加或减少1kg，混凝土指标增加或减少0.005m³。

3. 某著名地产公司地下室含钢量限值如表3所示。

地下室含钢量限值　　　　　　　　　　　　　　表3

城市	建筑高度	地下室部位	括号内为结构转换时标准层的数据（kg/m²）		
			普通地下室	塔楼部分地下	人防地下室
苏南、南昌、武汉、重庆、杭州、宁波、东莞、惠州、长沙、青岛	80m以下	塔楼不转换		120	150
		塔楼全转换		150	170
	80m以上	塔楼不转换	105（条基）	130	155
		塔楼全转换	110（独立条基）	160	175
其他区域	80m以下	塔楼不转换	125（片筏基础）	130	155
		塔楼全转换		160	175
	80m以上	塔楼不转换		140	160
		塔楼全转换		170	180

注：1. 表中数据是覆土1.2m，水压同室外场地的地质情况。覆土增加0.3～0.5（规划要求）以上，含钢量增加5～10kg/m²。

2. 塔楼和人防地下室按照柱基考虑，若采用天然筏基，此部分含钢量增加15～20kg/m²。

3. 两层地下室减10kg/m²。

4. 整体地下室的含量根据普通地下室、塔楼地下室、人防地下室的比例确定，若塔楼和人防地下室范围重叠，按着高者取值。塔楼全转换是指除筒体外全部转换，塔楼地下室和人防地下室含钢量根据转换的比例内插确定。

5. 由于地址情况的变化，最终地下室的含钢量会有变化。

参 考 文 献

[1] 混凝土结构设计规范 GB 50010—2010. 北京：中国建筑工业出版社，2010.

[2] 建筑抗震设计规范 GB 50011—2010. 北京：中国建筑工业出版社，2010.

[3] 高层建筑混凝土结构技术规程 JGJ 3—2010. 北京：中国建筑工业出版社，2010.

[4] 建筑结构荷载规范 GB 50009—2012. 北京：中国建筑工业出版社，2012.

[5] 建筑桩基技术规范 JGJ 94—2008. 北京：中国建筑工业出版社，2008.

[6] 庄伟，匡亚川. 建筑结构设计快速入门与提高. 北京：中国建筑工业出版社，2013.

[7] 庄伟，匡亚川. 建筑结构设计概念与软件操作及实例. 北京：中国建筑工业出版社，2014.

[8] 庄伟，李刚. 建筑结构设计热点问题应对与处理. 北京：中国建筑工业出版社，2015.

[9] 中国建筑科学研究院 PKPM CAD 工程部. SATWE（2010 版）用户手册及技术条件. 北京：中国建筑工业出版社，2010.

[10] 杨学林. 复杂超限高层建筑抗震设计指南及工程实例. 北京：中国建筑工业出版社，2014.

[11] 北京迈达斯技术有限公司. midas Gen 工程应用指南. 北京：中国建筑工业出版社，2012.

[12] 王昌兴. MIDAS/GEN 应用实例教程及疑难解答例. 北京：中国建筑工业出版社，2010.

[13] 北京迈达斯技术有限公司. 从入门到精通. 北京：中国建筑工业出版社，2011.